JingDian YueWei

经典粤味

家常菜

犀文图书 编著

重庆出版集团 重庆出版社

前言 Preface

中国幅员辽阔、地理环境复杂、气候多变、物产丰富，又有着众多的文化传统和民族习俗，直接或间接地导致不同民族、不同地域的人衣食住行都各具特色，尤其在饮食一处，更是表现得淋漓尽致。受以上因素影响，我国的餐饮文化根据地方风味形成了各种流派，百花齐放。此丛书以六大菜系为主打，分别为川菜、鲁菜、粤菜、湘菜、杭帮菜和徽菜，为您选取经典的家常菜式、配以精美的图片和详尽的步骤，从易到难，让您快速入门学会心仪的菜式，丰富您的餐桌类型，菜式天天不重样。

粤菜，即广东地方风味菜，是我国著名八大菜系之一，它以特有的菜式和韵味，独树一帜，在国内外享有盛誉。“粤菜”由广州菜、潮州菜、东江菜等组成，而以广州菜为代表。它有着悠久的历史， 取各菜系之长，烹调技艺多样善变，用料奇异广博，深受各地人民喜爱。

本书精选160多款经典粤菜，粤式粥粉面、家常粤菜、老火靓汤、点心、糖水尽在其中，一书在手，各式粤式美食手到擒来，何乐而不为。

目录 Contents

基础知识部分

粤式粥粉面

粤式糖水

家常粤菜

粤式老火靓汤

粤式点心

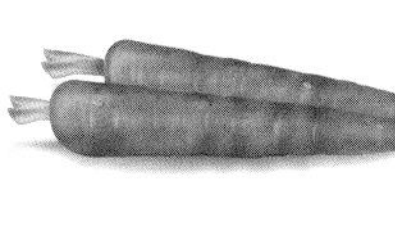

基础知识部分

知晓粤菜的历史、烹制特点、烹饪技法

从理论着手了解粤菜的主体成分

懂一点原材料的选择与处理技巧

蒸、炒、焖、炖、焗、爆、扣……

又有什么难的？

粤菜略讲

粤菜，即广东菜，是我国著名的四大菜系之一。它以特有的菜式和韵味，独树一帜，在国内外享有盛誉。自古就有“食在广东”的说法。

广东背靠五岭，其西面、东面和北面丘陵环绕，林草丰茂，河汉纵横，雨量充沛，气候宜人，岭南佳果丰富，飞禽走兽亦多；南面临海，有长达 3368 公里的海岸线，滩涂辽阔，出产不少咸淡水产和两栖类动物。这使广东地域内可猎、可耕、可渔的资源很多，物产十分丰富。这些山珍、海味、粮食、蔬菜、水果，为广东饮食文化的发展提供了丰厚的物质基础。

一直以来，一些在岭南做官的仕人，对广东特有的饮食习惯多有记载，唐时广州司马刘恂、被贬官寄居岭南的韩愈、苏东坡都有这方面的著述留世。入清之后，这方面的记录就更多，如屈大均的《广东新语》、范端昂的《粤中见闻》、张渠的《粤东闻见录》、翁辉东的《潮州茶经》等，在他们的作品中都有对广东饮食文化的叙述。

作为广东饮食文化的代表——粤菜，以其取材不限、注重质和味、滋味清鲜、百菜百味、变化无穷等特色，成为海内外最受欢迎的菜式之一。其菜花色繁多，形态新颖，善于变化，讲究五滋六味（香、松、臭、肥、浓，酸、甜、苦、辣、咸、鲜）。菜色浓重，滑而不腻，尤以烹制蛇、狸、猫、狗等野生动物见长。早在《淮南子》一书中，就有“越人得蚺蛇以为上肴”的记载，南宋人更是夸张地描述：粤人“不问鸟兽虫蛇，无不食之”。烹调技法考究，主要有：熬、煲、蒸、炖、扣、炒、泡、扒、炸、煎、浸、滚、烩、烧、卤等，代表菜式有：白云猪手、沙茶涮牛肉、烤乳猪……

粤菜由广州菜、潮州菜、东江菜组成，以广州菜为主体，以选料博杂、制作精细、口味清淡、富于季节性变化、讲求营养科学而著称。

广州菜配料多，善变化，讲究鲜、嫩、爽、滑，一般夏秋清淡、冬春浓醇，尤擅小炒，要求火候、油温恰到好处；

潮州菜以海鲜见长，更以汤菜最具特色，刀工精巧，口味清醇，讲究主料的原汁原味；

东江菜主料突出，朴实大方，有独特的乡土风味。

以上三种菜互为补充，形成粤菜独有的特色。

粤菜的特点及烹调特色

粤菜三特点

1. 粤菜选料广博奇异，品种花样繁多，令人眼花缭乱。天上飞的，地上爬的，水中游的，几乎都能上席。鹧鸪、禾花雀、豹狸、果子狸、穿山甲、海狗鱼等飞禽野味自不必说；猫、狗、蛇、鼠、龟，甚至不识者误认为“蚂蟥”的禾虫，亦在烹制之列，而且一经厨师之手，顿时就变成异品奇珍、美味佳肴，每令食者击节赞赏，叹为“异品奇珍”。

2. 粤菜用量精而细，配料多而巧，装饰美而艳，而且善于在模仿中创新，品种繁多。1965 年“广州名菜美点展览会”介绍的就有 5457 种之多。

3. 粤菜注重质和味，口味比较清淡，力求清中求鲜、淡中求美。而且随季节时令的变化而变化，夏秋偏重清淡，冬春偏重浓郁，追求色、香、味、形。食味讲究清、鲜、嫩、爽、滑、香；调味遍及酸、甜、苦、辣、咸。

粤菜烹调特色

粤菜的特色在于着重食物原本的味和配合，因此它只会用很少的香料，但使用香料的种类十分广。例如大部分的广东菜都会用上姜、葱、糖、盐、酱油、米酒、淀粉和油、八角、肉豆蔻。烹调内脏时会加多一点如大蒜一类的香料。粤菜偶尔会使用五香粉和白胡椒粉。习惯了其他菜的人，有时会认为粤菜味道很平淡。粤菜为了保留原汁原味，一般做得比较清淡，所以喜欢以清蒸的方式烹调，鲜有带浓烈的味道。

粤菜很少有辣的菜式。辣的食物通常在四川、泰国等气候非常热，水质寒凉，食物容易变坏的地方流行。广州有非常丰富的农业和水产资源，大量新鲜食品的供应及温和的天气，令粤菜强调烹出自然鲜味，而不是将之淹没。

为提高食物的鲜味，粤菜使用的猪肉、牛肉通常是来自即日被宰的猪牛。鸡鸭经常是数小时前才被宰杀，而鱼更会被放在鱼缸内，等顾客选择后才烹调。有时粤菜餐馆中的服务生更会把生猛的鱼虾拿到客人的桌前，以证明食物在烹调前还是活的。

广东接近海边，烹调新鲜的活海鲜是粤菜的特长。在广东人看来，香料是用来掩盖不新鲜的味道。新鲜的海鲜是无气味的，所以最好的烹调方法是清蒸。以蒸鱼为例，只需加少量酱油、姜和葱，带出海鲜的自然鲜甜味就可以了。多数餐馆都会喜欢用大蒜和香料去摆脱他们陈旧的海鲜存货。所以说吃粤菜有一个简单法则：香料和食物的新鲜程度成反比。

粤菜烹饪术语

烹饪技法

啫啫：指将原料直接放入锅中或瓦罉（煲）中，加入大量姜葱等香料料头，盖上盖，利用大量的香料料头致香及达到成熟的烹调方法。

焗：利用灼热的粗盐等将用锡纸或玉扣纸等包封好的原料，在密封的条件下致熟的烹调方法，以及利用沙姜粉加精盐调拌致熟的烹调方法，或是用密封的条件受热致熟的烹调方法。

炆：近乎北方烹调法的“烧”，故有“南炆北烧”之说；指质韧的食物放入锅中，加入适量的汤水，利用小火致熟的烹调方法。

炖：原料加入清水或汤水，放入有盖的容器中，盖盖，再利用水蒸气的热力致熟并得出汤水的烹调方法。

烩：用适量的汤水将多种肉料和蔬菜一同炊煮的烹调方法。

爆：利用热锅热油，攒入适量调好的汁酱或汤水，使锅中的原料快速致熟又赋于香气的烹调方法。

扣：原料经调味及预加工后，整齐排放入扣碗之中隔水蒸熟，然后主料覆扣入碟中再淋上用原汁勾好的芡的烹调方法。

㸆：利用浓味的原料和鲜汤，利用小火和通过较长的时间将鲜味赋于另一种乏味主料中的加工或烹调方法。

扒：将幼细的物料加入汤水煮好，用湿生粉勾成“玻璃芡”，徐徐地泼洒在另一摆放整齐的主料食物上的烹调方法。

冰浸：原料煮熟或切成丝后，迅速投入冰水之中，令食物有爽脆效果的一种加工烹调方法，譬如，冰浸芥蓝。此法源于日本。

油泡：利用大量的热油，迅速地将食物致熟的烹调方法。

火焰：将生猛新鲜的海鲜放入玻璃器皿内，利用点燃高度数的白酒产生的热力致熟的烹调方法。

吉列：为英文 CUTLET 的音译；即将食物上蛋浆后，粘上面包糠，再用热油浸炸的烹调方法。此做法源于西餐。

鱼生：将新鲜生猛水产去血后，改切薄片，拌上姜丝、葱丝、薄脆、柠檬丝等，再蘸上生抽而吃的烹调方法。

刺身：原是日本料理的做法，原指生食肉片，经粤菜引用指将鲜活的水产或海产去鳞净血，切成薄片，滴入柠檬汁，蘸上日本芥末而吃的烹调方法。

特色名词

温油：俗称三至四成，温度一般在70℃~100℃。

热油：俗称五至六成，温度一般在110℃~170℃。

旺油：俗称七至八成，温度一般在180℃~220℃。

料头：是指经改刀后的葱、姜、蒜、辣椒、火腿、料菇等原料。

劏：宰杀的意思。

过冷河：将经过飞水的原料用冷水冲凉。

攒绍酒：淋绍酒。

葱度：即葱段。

葱榄：葱斜刀切成比葱段略短的形状。

改净：原料收拾干净，改刀。

姜件：姜片。

包尾油：指菜肴出锅前淋的明油。

拉油：滑油。

幼粒、幼丝：小粒，细丝。

料菇：一种做料头用的香菇。

落：投入的意思。

飞水：将原料置沸水锅中滚过捞出，北方称“焯”。

百花馅：虾胶。

淮盐：花椒盐。

糖霜：白糖粉（由砂糖磨细而得）。

食粉：苏打粉，可使牛肉增嫩。

各种原料的最佳烹饪方法介绍

猪肉各部位怎么烹饪最好？

猪体各部位分法和名称并不完全一样，大体上可做如下划分：

1. 血脖，即耳至肩胛骨前颈肉，呈条形，肥瘦相同，韧性强。适于做香酥肉、叉烧肉、肉馅等。

2. 鹰嘴，位于血脖后、前腿骨上部的一块方形肉。肉质细嫩，前半部适于做酥肉，切肉丝、肉片，后半部适于做樱桃肉、过油肉、炸肉段、熘炒菜等。

3. 哈利巴，位于前腿扇形骨上的肉（包着扇形骨），质老筋多。适于焖、炖、酱、红烧等。

4. 里脊，又称小里脊。位于腰子到分水骨之间的一长条肉，一头稍细，肉色发红。这块肉是猪瘦肉中最嫩的一块，适于熘、炒、炸等。

5. 通脊，又称外脊。位于脊椎骨外与脊椎骨平行的一长条肉。肉色发白，肉质细嫩。适于滑熘、软炸及制蓉泥等。

6. 底板肉，后腿骨下部、紧贴臀部肉皮的一块长方形肉，一端厚，一端薄，肉质较老。适于做锅爆肉、清酱肉和切肉丝等。

7. 三岔，位于胯骨与椎骨之间的一块三角形肉，肉质比较嫩。适于做熘、炒菜及切肉丝、肉片等。

8. 臀尖，紧贴坐臀上的肉，浅红色，肉质细嫩。适于做肉丁、肉段及切肉丝、肉片等。

9. 拳头肉，又称榔头肉。包着后腿筒子骨的瘦肉，圆形似拳头。肉质细嫩。适于切肉丝、肉片和做炸、熘菜等。

10. 黄瓜肉，紧靠底板肉的一条长圆形肉，形似黄瓜，质地较老，适于切肉丝。

11. 腰窝，后腿下部前端与肚之间的一块瘦肉，肥瘦相连，肉层较薄。适于炖、焖、炒等。

12. 罗脊肉，连着猪板油的一圈瘦肉，外面包一层脂皮。适于炖、焖或制馅。

13. 猪里脊肉，位于前腿后、后腿前的腰排肉，肥瘦相间呈五花三层状，肋条部分较好称为上五花，又叫硬肋，没有肋条部分较差称为下五花，又叫软肋。上五花适于片白肉，下五花适于炖、焖及制馅。

14. 肘子，南方称蹄髈，即腿肉。结缔组织多，质地硬韧，适于酱、焖、煮等。

牛肉各部位怎么烹饪最好？

按烹调的需要，牛肉除头、尾、蹄以外，分为 16 个部位：

1. 脖头，即牛颈肉。肉丝横顺不规则，韧性强。适于制馅。

2. 短脑，在扇形骨上方，前边连着脖头肉，层次多，间有脂膜。适于制馅。

3. 上脑，位于短脑后边，脊骨两侧，外层红白相间，韧性较强，里层色红如里脊，质地较嫩。

适于熘、炒和制馅。

4. 哈利巴，包着扇形骨的肉，外面包着一层坚硬的筋膜，里面筋肉相连，结缔组织多。适于炖、焖等。

5. 腱子肉，即前后腿肉。前腿肉称前腱，后腿肉称后腱，筋肉相同呈花形。适于炖、焖、酱等。

6. 胸口，两条前腿中间的胸脯肉，一面是脂肪，一面是红色精肉，纤维粗。适于熘、扒、烧等。

7. 肋条，位于肋条骨上的肉，肉层较薄，质地较嫩。适于清蒸、清炖及制馅。

8. 弓扣，即腹部肚皮上的肉。筋多肉少韧性大，弹性强。适于清炖。

9. 腰窝，两条后腿前，紧靠弓扣后的腹肉。筋肉相连，适于烧、炖等。

10. 外脊，上脑后中脊骨两侧的肉。肉质细嫩，可切片、丁、丝，适于熘、炒、炸、烹、爆等。

11. 里脊，脊骨里面的一条瘦肉。肉质细嫩，适于滑炒、滑熘、软炸等。

12. 榔头肉，包着后腿骨的肉，形如榔头。肉质较嫩，是切肉丝的原料，适于熘、炒、炸、烹等。

13. 底板肉，两侧臀部上的长方形肉。上部肉质较嫩，下部连着黄瓜条，肉质较老，适于做锅爆肉。

14. 三岔肉，又称米龙。臀部上侧靠近腰椎的肉。肉质细嫩，适于熘、炒、炸、烹等。

15. 黄瓜肉，连着底板肉的长圆形肉。肉质较老，适于焦熘、炸烹等。

16. 仔盖，即臀尖上的肉。肉质细嫩，宜切丁、片、丝，适于滑炒、酱爆等。

羊肉各部位怎么烹饪最好？

按着烹调的需要，羊肉除头、蹄以外，一般分为13个部位：

1. 脖颈，即脖颈肉。质地老，筋多，韧性大。适于烧、炖及制馅。

2. 上脑，位于脖颈后、脊骨两侧、肋条前。质地较嫩，适于熘、炒、氽等。

3. 肋条，即连着肋骨的肉。外覆一层薄膜，肥瘦适宜，质地松软。适于扒、烧、焖和制馅等。

4. 哈利巴，包着前腿上端棒子骨的肉。筋肉相连，质地较老，适于炖、焖、烧等。

5. 外脊脊骨，两侧的肉。纤维细短，质地软嫩。适于熘、炒、煎、爆等。

6. 胸口，脖颈下、两前腿间。肥多瘦少，无筋。适于烧、焖、扒等。

7. 里脊，紧靠脊骨后侧的小长条肉。纤维细长，质地软嫩。适于熘、炒、炸、煎等。

8. 三岔，脊椎骨后端，羊尾前端。有一层夹筋，肥瘦各半。适于炒、爆等。

9. 磨裆，即尾下臀部上的肉。质地松软，适于爆、炒、炸、烤等。

10. 黄瓜条（包括底板），磨裆前端，三岔下端。质地较老，适于炸、爆等。

11. 腰窝，后腹部，后腿前。肥瘦夹杂，有筋膜。适于炖、扒等。

12. 腱子，前后腿上的肉，前腿上的称前锤子，后腿上的称腱子。肉中夹筋，筋肉相连，适于酱制。

13. 羊尾，绵羊尾全是脂肪，肥嫩浓香，膻味较重，适于炸和拔丝。

粤式粥粉面

及第粥、皮蛋猪肝粥、艇仔粥、柴鱼花生粥
牛腩粉、陈村粉、干炒牛河、湿炒牛河
云吞面、双丸面、鸡蛋面、煲仔饭
粥粉面饭，号称「广州四大发明」
怎么容许错过

煮粥七要素

清代《随园食单》曾对汤、饭、粥作过这样的区分：“见水不见米，非粥也；见米不见水，非粥也。必使水米融洽，柔腻如一，而后谓之粥。”由此可见，煮粥绝不仅仅是简单的“米加水”。可是，怎样才能煲出“水米融洽，柔腻如一”的好粥呢？下面以米粥为例，为大家介绍七个方法。

挑选新鲜大米

白居易曾在《自咏老身示诸家属》中写道：“粥美尝新米，袍温换故棉。（若想粥食美味，要用新鲜大米烹调。若想袍子温暖，要用旧棉花缝制。）”大诗人这种看法确为真知灼见。因为大米一旦储存时间过长，不但颜色变黄，而且米粒内部酶的活性也会降低，结构逐渐松弛。最终流失大部分营养素，甚至霉变，产生有毒物质。所以煲粥一定要选新鲜大米。

煮粥前先浸米

一般情况下，大米洗净后不要立刻加水煮粥，此时可将大米放入冷水中浸泡 30 分钟，让米粒充分膨胀，这样可减少煮粥时间，令米粥更加绵化。如果浸泡时加点食用油和盐，效果更好，而且粥更加清香可口，并减少煮粥时粘锅。应该指出的是，浸泡会令大米养分流失，所以煮粥时可以连浸米的水一同倒入。绿豆、赤豆、糯米、薏米、玉米等材料更不易煮熟，浸泡的时间还要延长 6 ~ 8 小时，这样才会煮烂，易于消化吸收。

避免中途添水

煮粥时，中途添水会让粥的香味和黏稠度大打折扣，因此应该一次性把水放足。

沸水下米，掌握火候

如用冷水加米煮粥，一不留神就会煳底。所以，可先在下米前煮沸锅水，这样便不容易煳底了。大火煮沸后，要赶快转为小火，注意不要让粥汁溢出来，再慢慢盖上锅盖，要诀是盖子不要全部盖严，用小火慢煮即成。

“煮”、“焖”结合

“煮”和“焖”是粥的两种主要烹调方法。先用大火煮沸米水，再转小火或中火慢熬至粥，就是“煮”；大火煮沸米水后，倒入木桶密封焖 2 小时，便为“焖”。一般来说，“煮”法较为常用。

时时搅拌

有句俗话“煮粥没有巧，三十六下搅”，这就说明了搅拌对煮粥的重要性。搅拌一来可以防止煳底，二来能让米粥更黏稠。搅拌的技巧是：大米下锅搅几下，大火转小火 20 分钟后不停搅。

根据材料实际放入

烹煮时要注意材料的加入顺序，慢熟的材料先放，易熟的材料后放，如此煮至所有材料熟透，粥汁的纯度才不会受到影响，也不会混淆。如米和药材要先熬，蔬菜、水果最后下锅，海鲜类宜先汆烫，肉类则浆拌生粉后再入粥煮，就可让粥品看起来清爽，不混浊。如果喜欢吃生一点，也可把鱼肉、牛肉或猪肝等材料，切成薄片，垫入碗底，用煮沸的粥汁冲入碗中，将材料烫至六七分熟，这样吃起来特别滑嫩、鲜美。另外，像香菜、葱花、姜末这类调味用的香料，只要在起锅前撒上即可。

煮粥常用工具和方法

煮粥的工具很多，高压锅、电饭锅、砂锅、炖锅，甚至微波炉都可以承担煮粥的任务，其中最常用的是高压锅、电饭锅和砂锅。

高压锅、电饭锅是煮粥时的理想工具之一。高压烹调和常压烹调相比，主要有三大差别：一是温度高，因为压力提高，沸点随之提高，约在 108℃ ~ 120℃之间；二是因为压力高，烹调时间只是常压烹调的 1/3，其中除了升温降温时间之外，真正处于高压的时间并不长；三是密闭，有一定的真空度。这三大特色，使得高压烹调在保存营养素方面，存在着一定的优势。比如说，黑豆高压煮 15 分钟之后，氧自由基吸收能力损失率只有 9%；豌豆高压煮 15 分钟后，氧自由基吸收能力不仅没有降低，反而有所提升，达到原来的 224%。

电饭锅煮粥，火候容易控制，也不易粘锅，但是米与水的比例要调整为 1:6，才能轻松快速地煮出一锅美味的好粥。

砂锅有天然的保温功效，而且砂锅的多孔材质，能少量吸附和释放食物味道，是最佳的煮粥工具。由于砂锅最忌冷热骤变，所以，煮粥时要记住，先开小火热锅，等砂锅全热后再转中火逐渐加温。若烹煮中要加水，也只能加温水，而且砂锅上火前，要充分擦干锅外的水分，以免爆裂。另外，为了避免米粒粘锅，别忘了不时搅拌。

煮粥的方法，通常是用传统的煮和焖。

所谓煮，就是指先用大火将米和水煮沸，再改小火将粥慢慢熬成浓稠。这期间很有讲究：粥不离火、火不离粥，而且有些要求高的粥，必须用小火一直煨到烂熟，米粒呈半泥状。煮粥的方法比较适合家庭使用。

焖是指煮粥时，用大火加热至沸腾后，倒入有盖的砂锅或其他容器内，盖紧盖，上蒸锅，继续用高温蒸汽焖约 2 小时。用这种方法焖出来的粥，香味更加纯正、浓稠香绵。焖的方法，是专业料理店采用的方法。家庭里也可以使用，只是过程比煮的方法稍显复杂。

此外，还有以煮好的滚粥冲入各种配料佐料，调拌均匀即成的方法，如生鱼片粥；也可以先将配料料理好，再加入高汤和其他材料一起熬煮成粥；还有用米饭煮粥，用米饭煮粥既快速又方便，熬煮时的水量约为 1 碗饭加 4 碗水，但与生米直接煮粥不同的是，用米饭煮粥时，不要搅拌过度，以免整锅粥太过稠烂。

艇仔粥

技巧

鱿鱼、猪肚等要切成长长扁扁的艇仔形状；应用滚烫的粥水冲煮配料。

功效

鱿鱼富含蛋白质、钙、磷、铁等物质，对骨骼发育和造血十分有益；花生富含脂肪、蛋白质、氨基酸等物质，常食可健脾和胃，利肾去水，理气通乳。

小知识

旧时广州河涌多有小艇泛游，部分艇家专集河虾、鱼片等水上食材为粥，向邻艇或岸人供应。“艇仔粥”一名由此而生。

主料 大米100克，清水1000毫升，鲜鱿鱼100克，猪肚300克，猪皮、籼米粉、花生仁各50克，干贝25克

辅料 盐、味精、姜、酱油、猪油、食用碱水、食用油各适量

做法

1. 大米淘洗干净，加水浸泡1小时；鲜鱿鱼用碱水浸泡，发透后洗净切丝，放入沸水中烫过；干贝去除老筋，用温水浸开，切碎；猪肚擦洗净，切块；花生仁去衣，放入沸盐水中稍烫，捞出沥干。
2. 开油锅，加食用油煮沸。放入花生仁炸至金黄色捞出，沥干油；籼米粉用沸油炸香。
3. 煮沸清水，加入大米、干贝、猪肚、鲜鱿鱼丝煮开。改用小火慢煮30分钟，加入盐和味精调味。
4. 碗中放入猪皮、籼米粉、花生仁，冲入滚粥，加入猪油、酱油、姜拌匀即可。

田鸡粥

主料　大米150克，清水1500毫升，田鸡3只

辅料　盐、鸡精、料酒、食用油、香油、姜、蒜、葱、生抽、淀粉、香菜各适量

做法

1. 蒜切碎，姜分别切碎、切丝；葱洗净切段；香菜切碎，用盐水浸泡片刻；田鸡杀好，洗净，切下四肢，用少许料酒、食用油、盐、姜、蒜、葱、生抽、淀粉腌渍片刻；田鸡背肉氽水；大米洗净，加入少许食用油、盐腌30分钟待用。
2. 锅内烧开清水，加入大米（连腌米的油盐一起）、田鸡背肉煮30分钟。
3. 放入田鸡腿肉、姜丝，再煮5分钟。
4. 撒入适量盐、鸡精调味；装碗时加入香菜、香油即可。

技巧

田鸡背肉加入粥内同煮可以增加鲜味。

功效

田鸡肉味甘性凉，含蛋白质、脂肪、钙、磷、铁、维生素A、维生素B_1、维生素B_2、维生素B_{12}、维生素C以及烟酸等成分。

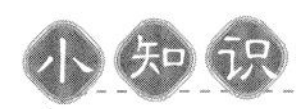

小知识

田鸡肉味鲜美，春天鲜、秋天香，是餐桌上的佳肴，但田鸡对环境有益，是国家保护类动物，如果十分馋蛙肉，可选择人工养殖的田鸡食用，味道与野生田鸡区别也不大。

及第粥

技巧

煮粥时，先用大火煮开，再转小火熬煮，粥会更香浓。

功效

猪肝具有多种抗癌物质，如维生素C、硒等，而且肝脏还具有较强的抑癌能力，含有抗疲劳的特殊物质。

小知识

此粥由来说法较多：伦文叙高中后为粥提名，目不识丁的肉贩七字中举，林召棠把猪肝、猪腰、猪肚三种猪内脏比作状元、榜眼、探花三及第。还有一种说法是此粥由多种猪内脏煮成，开始称猪杂粥。在饮食行业中，猪内脏又称下水、杂底，但诨号不好上菜谱，所以行家便改为“及第”，因此“猪杂粥”变成了“及第粥”。

主料 大米 200 克，清水 2000 毫升，猪肉、猪肝、粉肠、猪腰、猪肚各 50 克

辅料 油条 1 根，姜片、葱丝、葱花、香菜、盐各少许

做法

1. 大米淘洗干净，加水浸泡 1 小时；猪肉、猪肝、粉肠、猪腰、猪肚洗净备用；油条切段；猪肉、猪肝、猪腰切丁备用。
2. 清水适量（刚可盖过猪肚、粉肠等食材）煮沸，放入猪肚、粉肠及姜片、葱丝煮约 1 小时，煮至猪肚等软糯后切段备用。
3. 锅内放入 2000 毫升清水煮沸；加入大米继续煮约 20 分钟。
4. 放入猪肚等食材，加盐调味，再煮 10 分钟。食前加入油条段、香菜、葱花即可。

技巧

为了保证粥味道鲜美，一定要用新鲜的鱼；做鱼片粥选草鱼较好，因为鱼肉厚实味鲜。

功效

草鱼富含营养，除蛋白质、脂肪及碳水化合物含量较高外，还富含铝、磷、铁，可健脾益气、养血壮骨、生津下乳。

小知识

将预先煮好的粥底加入新鲜肉料逐碗滚熟，就是“生滚粥”。鱼片粥是“生滚粥”的代表之作。

鱼片粥

主料　大米 120 克，清水 1200 毫升，草鱼腩 80 克，草鱼肉 80 克

辅料　腐竹、香菜各 20 克，姜 5 克，食用油、盐、糖、胡椒粉、陈皮各适量

做法

1. 大米洗净沥干，加食用油、盐发涨至呈乳白色，压碎；陈皮浸软去瓤；腐竹洗净，剪碎；姜洗净，分别切片、切丝；草鱼肉切片，加入姜丝、食用油、盐、糖、胡椒粉腌好。
2. 草鱼腩洗净沥干，入平底锅煎香；另置网袋装入煎鱼腩、陈皮、姜片。
3. 砂锅内加入清水，放入腐竹、鱼袋煮 30 分钟，加大米，大火煮 20 分钟，改小火煮至粥成。
4. 放入鱼片、姜丝拌煮熟，加盐调味，撒香菜即可。

技巧

鲜猪肝不能马上烹煮，最好先于水龙头下冲洗10分钟，再切成片放在水中浸泡30分钟，换水至水清为止，以清除肝血和毒素。

功效

此粥可滋补肝脏，使眼睛明亮，对改善贫血很有功效。

小知识

此粥适宜肝血不足所致的视物模糊不清、夜盲、眼干燥症、小儿麻疹病后角膜软化症、内外翳障等眼病者食用。

皮蛋猪肝粥

主料 大米200克，清水2000毫升，猪肝200克

辅料 皮蛋1个，生菜300克，姜丝、葱花、食用油、生抽、香油、盐各适量

做法

1. 大米洗净，加入清水、香油、盐浸泡半小时；猪肝浸泡1～2小时，洗净切片，用食用油、姜丝、生抽腌好，入沸水锅中稍汆去腥；生菜洗净；皮蛋切粒。
2. 砂锅内加清水，煮沸，放入猪肝沸煮1～2分钟。
3. 倒入皮蛋、姜丝，沸煮1至2分钟后加入大米以大火拌煮5分钟，转小火煮40分钟，每5分钟搅拌一次，以免粘锅。
4. 最后加盐调味，撒葱花即可。

油盐白粥

主料 大米150克，清水1500毫升

辅料 食用油、盐各适量

做法

1. 大米洗净，加少许食用油腌制30分钟以上。
2. 锅内烧开1500毫升清水，加入大米（连同浸米的油）煮沸，再转中小火煮至绵稠。
3. 加盐调味即可。

技巧

粥快成时入少许油能使粥成品色泽鲜亮，入口鲜滑。

功效

大米富含淀粉和蛋白质，常食可强健筋骨，丰体长肌。

小知识

大米根据粒形和粒质可以分为籼米、粳米和糯米三类。其中籼米粒形细长，长宽比多大于三，出饭率高，粘性较小，米质较脆，细腻可口；粳米米粒丰满肥厚，出饭率低，油性和粘性较大，口感柔软；糯米又称江米，粘性极大，多用作糕点，一般不作主食。

咸蛋菜心粥

主料 糯米、大米各 50 克，清水 600 毫升，菜心 100 克，咸鸡蛋 1 个

辅料 姜丝、盐适量

做法

1. 糯米、大米淘洗净，用温水浸泡 1 小时；菜心洗净切粒；咸鸡蛋分离出蛋黄和蛋清。
2. 煮沸 600 毫升清水，放入大米、糯米（连浸泡的水），大火煮开后转小火煮至出现米油，加入姜丝。
3. 放入咸蛋黄，煮至蛋黄化开，转中火，一边倒入蛋清一边搅拌至沸腾。
4. 加入菜心粒煮熟，加盐调味即可。

姜丝要比咸蛋、菜心早放，熟的咸蛋在粥里浸一会儿咸味就会渗到粥里。

功效

咸蛋脂肪、糖类、矿物质等含量较鸡蛋丰富，有清肺、丰肌、泽肤、除热的作用。

挑咸蛋时宜用鲜鸡蛋作对比，如果咸蛋气室大于鲜蛋，则说明咸蛋质量较差。

用牙签从虾身的倒数第一节与倒数第二节中间穿过，向上挑断虾线后，再捏住断开的线头，抽出虾线即可。

功效

韭菜富含维生素和粗纤维，食之促进肠胃蠕动，有润肠通便的功效。

小知识

虾仁体内有一种很重要的物质就是虾青素，是目前发现的最强的一种抗氧化剂，广泛应用在化妆品、食品添加剂以及药品中。日本大阪大学的科学家发现，虾体内的虾青素有助于消除因时差反应而产生的“时差症”。

海产粥

 白粥半碗，虾仁 100 克，韭菜 50 克，鱼高汤 250 毫升，鸡蛋 1 个

 姜丝 5 克，盐 2 克，白胡椒粉 1 克

做法

1. 虾仁洗净，去虾线，入沸水中汆烫后取出备用；韭菜切段备用。
2. 锅内放入鱼高汤、虾仁、韭菜段、姜丝、白粥、盐、白胡椒粉，以中火将粥煮开后即可熄火。
3. 将鸡蛋打散，淋入粥内即可。

技巧

皮蛋不宜存放冰箱，以免影响风味和色泽。

功效

皮蛋富含矿物质，而绝少热量、脂肪。偶尔食用可刺激消化，增进食欲，促进营养吸收。

小知识

皮蛋瘦肉粥知名度很高，几乎所有粥品店和中式酒楼都有此粥，在北海地区居民的传统中，皮蛋瘦肉粥是“下火粥”，有降火的功效，能治因上火引起的牙痛、舌尖痛。

皮蛋瘦肉粥

主料 大米 150 克，清水 2500 毫升，皮蛋 1 个，油条 1 根，猪瘦肉 100 克

辅料 淀粉 3 克，盐 1 克，味精 2 克，料酒、葱末各少许

做法

1. 大米淘洗干净，浸泡 30 分钟；锅内加入 2500 毫升清水及大米，大火烧开后转中小火煮至粥成。
2. 皮蛋去皮、切成瓣；猪瘦肉切片，加入淀粉、料酒、味精腌渍 15 分钟；油条切段备用。
3. 将皮蛋、猪瘦肉、油条、盐、味精加入粥中煮 15 分钟。
4. 至粥稠时撒入葱末，出锅装碗即可。

技巧

牛肉片不宜煮太久，会影响口感；蛋黄要趁粥滚烫的时候搅拌均匀。

功效

牛肉富含蛋白质，氨基酸组成比猪肉的更接近人体需要，能提高机体抗病能力。

小知识

此粥也叫“窝蛋牛肉粥”，是一例广东名粥。

滑蛋牛肉粥

主料 牛里脊肉 150 克，大米 100 克，清水 1200 毫升

辅料 小苏打 2 克，鸡蛋 1 个，料酒、盐、淀粉、姜丝、葱丝、香菜、油条、食用油、香油、胡椒粉各适量

做法

1. 牛肉切片，加料酒、小苏打、淀粉腌 30 分钟；大米泡洗干净，加食用油、盐腌 30 分钟；油条撕块；香菜洗净，切末。
2. 砂锅内加清水煮沸，加入大米煮沸，转小火煮至七成熟，加入牛肉片煮至粥成，打入生蛋即可熄火。
3. 加盐调味，装碗时加入香油、葱丝、姜丝、胡椒粉、香菜末、油条即可。

柴鱼花生粥

主料 大米 100 克，清水 1000 毫升，猪骨 200 克，柴鱼干适量

辅料 花生、姜、食用油、盐各适量

做法

1. 大米洗净，用少许食用油、盐腌 30 分钟。
2. 猪骨洗净，剁块，过沸水去杂质，冲去血沫；姜去皮，切丝；柴鱼干剪块待用。
3. 砂锅内放清水，煮沸加入大米、猪骨、花生、柴鱼干、姜丝，以大火煮 30 分钟，再转小火熬 2 小时。
4. 加盐调味即可。

技巧

柴鱼要挑选切片宽薄、色泽淡浅、纹路清晰细致、完整而不细碎的。

功效

柴鱼有健脾胃、益阴血、补髓养精、明目增乳之功效；花生有润肺、和胃、补血之功。

小知识

柴鱼是东莞传统小吃，有刺，不多，但吃起来是软的；柴鱼自身带着一种甜味，不像有些海产品那样腥。夏季胃口不好，适宜吃这款粥。

技巧

煲潮汕粥一点也不省人力，潮汕砂锅粥无论白粥咸粥，都要全程用明火煲煮，掌厨的人一定要一直用勺子边煮边搅。

功效

海虾中含有丰富的镁，对心脏活动具有重要的调节作用，能很好地保护心血管系统，可减少血液中胆固醇含量，防止动脉硬化。

小知识

鱼露是潮州地区的特产，要用新鲜的鱼滤出鱼油、煮制，若在家中制作有困难，可用一般的盐替代。

潮汕虾粥

主料 新鲜海虾 200 克，大米 150 克，清水 1500 毫升

辅料 姜丝、芹菜粒、冬菇丝、炸蒜蓉、炸鱼块、炸葱油、鱼露、冬菜、食用油、盐各适量

做法

1. 大米淘净，用食用油、盐浸泡 30 分钟；冬菜泡发，洗净。
2. 砂锅内放清水，大火煮沸，加大米煮沸，转小火煮约 30 ~ 40 分钟，加姜丝、芹菜粒、冬菇丝、炸蒜蓉、炸鱼块、炸葱油、鱼露、冬菜、海虾，煮 10 分钟至熟。
3. 加盐调味即可。

排骨蒸陈村粉

主料　新鲜陈村粉 200 克，排骨 250 克

辅料　豆豉、姜末、蒜末、盐、生抽、料酒、白糖、食用油、淀粉各适量

做法

1. 将长条陈村粉切成段。摊开放在碟子上。
2. 排骨斩成块，用豆豉、姜末、蒜末、盐、生抽、白糖、食用油、料酒腌渍 20 分钟；用 1 匙生抽、1 匙白糖、1 匙食用油调成酱汁备用。
3. 腌制好的排骨用淀粉抓匀，铺在陈村粉上。
4. 锅内烧开水，放入陈村粉碟，大火蒸 15 分钟，取出，把酱汁淋在粉上即可。

陈村粉上碟时要尽量铺开，如果粘在一起则会比较难熟，也没有那么入味。

功效

猪排骨除含蛋白质、脂肪、维生素外，还含有大量磷酸钙、骨胶原、骨粘蛋白等，可为幼儿和老人提供钙质。

1927 年，顺德陈村人黄但创制出一种以薄、爽、滑、软为特色的米粉，声名鹊起，当地人称之为“粉旦（但）”。此后，他们将粉送到外地，外地人以“陈村粉”名之。

技巧

将澄粉、淀粉加开水搅匀，加盖焗5分钟后搓揉至软、搓形，用食用油拌匀再蒸10分钟即成银针粉。

功效

冬菇是防治感冒、降低胆固醇、防治肝硬化和具有抗癌作用的保健食品。

小知识

冬菇分为花菇、厚菇、薄菇等11级，烹、煮、炸、炒皆宜，荤素佐配均能成为佳肴。

鸡丝银针粉

主料 银针粉400克，鸡腿肉120克，冬菇4朵，豆芽80克，韭黄、蜜豆各适量

辅料 蒜泥、生抽、盐、糖、淀粉、食用油、香油、胡椒粉各适量

做法

1. 银针粉冲净，沥干，用生抽、盐、糖、胡椒粉拌匀；鸡腿肉切丝，拌入生抽、油、盐、淀粉腌渍片刻；冬菇切丝；豆芽冲净；韭黄切段；蜜豆撕去筋，汆水备用。
2. 烧热油锅，先炒鸡丝及蒜泥，加蜜豆、冬菇及淀粉炒透。
3. 加韭黄、豆芽，以大火兜炒至熟，淋香油即可。

技巧

牛肉要提前腌制，炒出来才更嫩。

功效

河粉易于消化和吸收，具有补中益气、健脾养胃的功效。

小知识

“牛河”即牛肉河粉，是广东地区一道特色名菜。炒牛河不但口味一流，而且对于炒功、用料都很有考究。长期被认为是测试厨师技术的标准之一。

干炒牛河

主料 沙河粉 300 克，牛里脊肉 80 克，洋葱 50 克

辅料 食用油、料酒、生抽、蚝油、盐、胡椒粉、干淀粉、豆芽、葱各适量

做法

1. 沙河粉用温水浸泡；洋葱切丝；葱切段；豆芽摘去头尾。
2. 牛里脊肉切片，加少许生抽、盐、料酒、干淀粉、食用油拌匀腌渍 15 分钟。
3. 热油锅，加油烧热后放入牛肉片快速煸炒，变色后盛起。
4. 另外起锅烧热加油，将河粉放入，小心翻炒，再加入洋葱丝、蚝油、生抽、胡椒粉炒匀。
5. 加入豆芽、葱段和牛肉片翻炒几下即可。

猪肉选七分瘦三分肥做馅最宜。

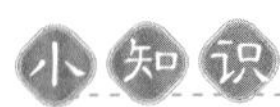

功效

猪肉含有丰富的蛋白质及脂肪、碳水化合物、钙、磷、铁等成分，是日常生活的主要副食品，具有补虚强身，滋阴润燥、丰肌泽肤的作用。

小知识

云吞面即北方的馄饨。据说，此食品在唐宋时即已传入广东。据《群居解颐》一书记载："岭南地暖……又其俗，入冬好食馄饨，往往稍喧，食须用扇。"

云吞面

主料 碱水面条、猪肉各 300 克，云吞皮 250 克

辅料 胡萝卜、甜玉米粒各 50 克，鸡蛋 1 个，生姜 5 克，淀粉、盐、胡椒粉、香油、葱花各适量

做法

1. 猪肉清洗剁末；甜玉米粒洗净剁碎；胡萝卜洗净刨丝。
2. 肉末中加入生姜、盐、胡椒粉、淀粉以及鸡蛋搅拌均匀，直至起胶；加入甜玉米和胡萝卜丝继续搅拌，制成肉馅。
3. 将肉馅包入云吞皮中。方法为：云吞皮对折，将靠近自己的两个角粘在一起。
4. 清水煮沸，加入云吞和碱水面条，大火煮至沸腾后再煮片刻。
5. 加入盐和香油调味，撒上葱花即可。

牛筋丸面

主料 鸡蛋面150克，牛筋丸100克，生菜50克

辅料 葱花、香菜、盐、味精、高汤各适量

做法

1. 煮沸适量高汤，加入牛筋丸煮熟，撒下盐、味精调味。
2. 另外开锅，注入适量清水，加入鸡蛋面煮熟，捞出待用。
3. 生菜放入沸水稍焯，取出待用。
4. 舀出适量高汤，连同牛筋丸一起装碗，再倒入面条，铺上生菜，撒下葱花、香菜即可。

技巧

煮牛筋丸时水不能太沸，否则牛筋丸不爽滑。

功效

牛肉富含蛋白质，氨基酸组成比猪肉更接近人体需要，能提高机体抗病能力，对生长发育及术后、病后调养的人，在补充失血、修复组织等方面特别适宜。

小知识

牛肉丸可分为牛肉丸、牛筋丸两种。前者肉质较为细嫩，口感嫩滑；而牛筋丸则是在牛肉里加进了一些嫩筋，非常有嚼头。

技巧

生菜不宜煮过久。

功效

鱼蛋中维生素A、维生素B及维生素D的含量丰富，而维生素A可以防止眼疾，维生素B可防治脚气和发育不良。

小知识

牛肉丸作为著名的潮州小食，在当地已有近百年历史。

潮州双丸面

主料 鸡蛋面150克，鱼蛋、牛肉丸、生菜各50克

辅料 葱花、香菜、盐、味精、高汤各适量

做法

1. 煮沸适量高汤，加入鱼蛋、牛肉丸煮熟，撒下盐、味精调味。
2. 另外开锅，注入适量清水，加入鸡蛋面煮熟，捞出待用。
3. 生菜放入沸水稍焯，取出待用。
4. 舀出适量高汤，连同鱼蛋、牛肉丸一起装碗，再倒入面条，铺上生菜，撒下葱花、香菜即可。

技巧

鸡蛋摊蛋皮的时候应用小火。

功效

韭黄具有温肾壮阳、活血散瘀的功效。洋葱不含脂肪，具有降血脂、降血压的疗效。

小知识

海米体形弯曲的，说明是用活虾加工的；海米体形笔直或不大弯曲的，则大多数是用死虾加工的。

五彩米粉面

主料 意大利面200克，米粉50克，鸡蛋1个

辅料 高汤500毫升，海米、韭黄、水发香菇、青椒、红辣椒、洋葱、酱油、料酒、盐、味精、香油、陈醋、食用油各适量

做法

1. 鸡蛋打散摊成蛋皮，与水发香菇、青椒、红辣椒、洋葱一起切成五彩丝；海米用温水加料酒泡软；韭黄切段备用。
2. 米粉放入锅中，倒入沸水略冲泡，盖严锅盖，焖至膨胀松软捞出；意大利面下锅煮透，捞出用油拌匀。
3. 炒锅上火烧热，加油，放海米爆香，加高汤、意大利面一起焖炒至汤汁快干时，再放入米粉和五彩丝，加入酱油、料酒、盐、味精、香油、陈醋，用筷子翻炒，撒入韭黄段，拌匀后出锅装碗即可。

步骤 3 中，如果牛肉先大块炖，再取出改小块，肉会更嫩。

功效

牛腩含有矿物质和 B 族维生素，包括烟酸，维生素 B_1 和维生素 B_2。牛肉还是每天所需要的铁质的最佳来源。

小知识

一周吃一次牛肉即可，不可食之太多。另外，牛脂肪更应少食为妙，否则会增加体内胆固醇和脂肪的积累量。

红烧牛腩面

主料 牛腩 300 克，面条 250 克，小白菜 70 克

辅料 胡萝卜、白萝卜、葱、姜片、蒜头、辣椒、小茴香、桂皮、大料、冰糖、番茄酱、五香豆瓣酱、豆瓣辣酱、酱油、味精、白胡椒粉、盐、料酒、糖、香油各适量

做法

1. 葱洗净分别切段，切葱花；胡萝卜、白萝卜切块。汤锅加水至 8 分满，放入胡萝卜、白萝卜、小茴香、桂皮、大料转小火煮约 1 小时入味。
2. 另热油锅，用香油将葱段炒香，加入冰糖炒至融化，再加入番茄酱、五香豆瓣酱、豆瓣辣酱炒出香味；将酱料倒进汤锅中煮沸，最后加入酱油、味精、白胡椒粉、料酒、糖、姜片、蒜头、辣椒。
3. 牛腩切块，用滚水汆烫后捞出，洗净，倒入汤底一起炖煮约 40 分钟；面条用温水浸泡待用。
4. 面条煮熟，小白菜分别汆熟。碗内放入适量味精和盐，盛以面条，倒入汤底及牛腩，最后放上小白菜即可。

技巧

鸡蛋不宜煮得太老，以免营养流失。

功效

鸡蛋中含有大量的维生素、矿物质及蛋白质，还有其他重要的营养素，如钾、钠、镁等，是人体“理想的营养库”。

小知识

鸡蛋分土鸡蛋和洋鸡蛋，土鸡蛋蛋黄更黄，蛋清更黏稠，营养含量和营养价值都略高于洋鸡蛋。

什锦鸡蛋面

主料 面条 150 克，虾仁 50 克，鸡蛋 1 个，草菇、猴头菇、胡萝卜、菜心各适量

辅料 高汤、食用油、葱末、姜末、盐、味精、料酒、胡椒粉各适量

做法

1. 虾仁挑去虾线，洗净待用；草菇洗净切片；猴头菇洗净，沥干，切片；胡萝卜去皮，洗净切片；菜心择洗待用。以上材料均焯透待用。
2. 锅中倒水煮沸，加入面条煮 8 分钟，捞出装碗。
3. 锅中倒入食用油烧热，打入鸡蛋，煎至定型，出锅待用，原锅下葱末、姜末爆香，调入料酒、高汤、汆熟的主料、盐、味精、胡椒粉煮沸，加入鸡蛋煮 2 分钟，倒入面碗即可。

技巧

用牙签在虾的背部靠头的第一、二节之间一挑，即可挑出虾线。

功效

虾仁营养丰富，肉质松软，易消化，对身体虚弱以及病后需要调养的人是极好的食物。面条的主要营养成分有蛋白质、脂肪、碳水化合物等，可改善贫血、平衡营养吸收。

小知识

食虾严禁同时服用大量维生素C，否则，可生成三价砷（俗称砒霜），能致死。

虾仁伊府面

主料 鸡蛋面 150 克，虾仁 100 克，青豆、鲜冬菇各 20 克，胡萝卜 80 克

辅料 猪油 15 克，料酒 10 毫升，葱、姜各 5 克，盐、味精、高汤、香油、糖、酱油、胡椒粉各适量

做法

1. 虾仁去泥肠洗净；鲜冬菇、胡萝卜洗净切片；青豆洗净；葱、姜洗净切末；另外开锅煮面，熟后捞出备用。
2. 锅内倒入猪油烧热，加入葱末、姜末炝锅，倒入酱油、料酒及高汤稍煮。
3. 加入虾仁、冬菇、青豆、胡萝卜和鸡蛋面，以小火煮至汤汁浓稠。
4. 撒入盐、糖、味精、香油、胡椒粉，出锅装盘即可。

粤式糖水

红豆、绿豆、木瓜、鸡蛋、杏仁、燕窝
常用而低调的各式食材，以约定俗成的方式
熬煮成清热的、清润的、滋补的、甜爽的各式糖水
带有明显的粤式风情
吃了还想再吃

最常使用的糖水食材

银耳： 银耳颜色洁白，热量低，营养价值高，含有丰富的胶质、维生素、氨基酸以及膳食纤维，是最佳保健食材之一。它常用作甜汤配料，例如冰糖莲子、红枣银耳莲子汤等，入口滑顺，口感鲜脆，汤中带胶，清爽可口。

绿豆： 绿豆味甘，性寒，含丰富的蛋白质、糖类、维生素 A、B 族维生素、钙、磷、铁及其他人体所需的微量元素，易被消化吸收。绿豆口感香甜可口，入口松化，十分适合咀嚼能力差的老人或小孩食用。

莲子： 莲子味甘涩，性平，主要用于改善食欲不振及惊悸失眠。莲子营养价值高，也是中式甜点中最常使用的材料，最常与冰糖搭配食用。莲子本身具有降火功效，是夏季极佳的养颜美容食品之一。

桂圆肉： 桂圆肉可安神益脾、补血及治手脚冰冷。经阳光暴晒的桂圆肉以色泽黄亮为佳，用火焙方式制成的桂圆肉则以深黄色中带红为佳。而干燥程度好的桂圆肉，片与片之间容易分开而不会粘连。肉质厚的吃起来味道较甜美。

西米： 西米又叫西谷米，是印度尼西亚特产。有的西米是用木薯粉、麦淀粉、苞谷粉加工而成，有的是由棕榈科植物提取的淀粉制成，是一种加工米，形状像珍珠。有小西米、中西米和大西米三种，经常用于做粥、羹和点心。西米露口感爽滑有弹性，很受人们尤其是女士的喜爱。

红枣： 红枣含有蛋白质、脂肪、糖类、维生素 A、维生素 C 等丰富的营养素，更是爱美女性不可或缺的美颜圣品。红枣中品质较佳者为鸡心枣，用时要去除果肉中的核，以防上火。红枣气味清香，果肉去内核，方便儿童及老人食用。

红豆： 红豆含有蛋白质、维生素 B_1、维生素 B_2 及钙、磷、铁等成分，有调经补血、利水消肿、利尿、治脚气病之功效。红豆富含铁质，能有效补血、舒缓经痛，使人气色红润。挑选时以色泽鲜红、颗粒大小均匀、皮薄且完整者为佳。

枸杞： 中医草药典籍《本经》记载："枸杞久服坚筋骨，轻身不老"，具有清肝明目、补肾及养阴之效。它是药材中运用最广泛的良药。

南北杏仁： 南杏仁又叫甜杏仁，北杏仁就是苦杏仁。甜杏仁偏于滋润，有一定的补肺作用。苦杏仁能止咳平喘，润肠通便，可治疗肺病、咳嗽等疾病。南北杏仁还具有美容功效，能促进皮肤微循环，使皮肤红润有光泽。

百合： 百合可补中益气、利尿及止干咳。干百合要先泡水 20 分钟左右才能使用。新鲜百合可省去泡水环节，只要一片一片剥下来洗干净便可使用，处理起来很方便，而且也没有酸味。

川贝： 川贝味甘苦，性微寒，为化痰止咳药，具有润心肺和清热散郁的功效。选购时以颜色洁白、质地坚实且颗粒整齐均匀者为佳，应置于干燥处保存。

老姜： 老姜为广东三宝之一，又名姜头，带有辛香味，能祛风散寒，化痰，增强血液循环，保持体温和预防感冒。但患痔疮者忌姜、酒同食，以免复发。

木瓜： 木瓜能平肝和胃、舒筋活络、软化血管、抗菌消炎、防衰养颜、降低血脂、增强体质。对女性而言，木瓜还有丰胸、白肤、瘦腿的作用。以木瓜为主角的冰糖银耳炖木瓜、木瓜炖牛奶、木瓜炖雪蛤等是深受人们喜欢的糖水。

水梨（雪梨、蜜梨）： 水梨味甘、性微寒。素有“百果之宗”美称的梨，富含蛋白质、糖类、纤维素、维生素C、铁、磷、钾和钠，有调节血压，降低胆固醇，润肠通便，保持皮肤弹性、水分与白皙，清热，镇静心脾，加速伤口愈合，保肝和帮助消化的作用。应置于干燥处保存。

芒果： 芒果的品种很多，原产于东南亚，它除了能制作成布丁，也可与西米露和凉粉等搭配，制作成各式糖水。芒果含有丰富的维生素C、维生素A、维生素B_1和维生素B_2等，有清肠道、促进肠胃蠕动、防止便秘的效果。

红薯： 红薯有益于改善汗斑、雀斑、感冒和便秘。红薯种类多样，包括红肉薯、黄肉薯、紫肉薯三品种，其中黄肉薯比较适合做糖水，因为其肉质口感好，有弹性，耐煮，不易松软，还可拿来烤食，风味都很不错。

黑芝麻： 黑芝麻不仅气味芬芳，还含有维生素E、B族维生素、镁和锌等，常吃能抗衰老、通便、滋补及养颜。

鸡蛋： 鸡蛋含有丰富的蛋白质、脂肪、维生素和铁、钙、钾等人体所需要的矿物质，其所含蛋白质为优质蛋白，是婴幼儿、孕妇、产妇、病人的理想食品，适合体质虚弱、营养不良、贫血者及妇女产后调养，也适宜于婴幼儿发育期补养。

椰子： 椰子味甘，性寒。椰子汁液多、营养丰富，可解渴去暑，果肉有益气、祛风、驱虫及使人面色润泽的功效。成熟的椰肉富含脂肪和蛋白质，可制成罐头、椰干和糕饼，用途很广。

牛奶： 牛奶营养丰富，含有脂肪、各种蛋白质、维生素、矿物质，特别是含有较多的B族维生素，能滋润肌肤，保护表皮，防裂、防皱，使皮肤光滑、柔软、白嫩，还能使头发乌黑，减少脱落，从而起到护肤美容的作用。

雪蛤： 与熊掌、猴头菇和飞龙并称东北“四大山珍”的雪蛤，取自产于东北高山的林蛙（因为历经霜雪，又名雪蛤或蛤士蟆）的输卵管外所附的脂肪（属不含胆固醇的脂肪酸）。雪蛤含有蛋白质、脂肪及丰富的激素，具有美容功效。

陈皮绿豆沙

主料 绿豆200克，大米100克，清水1600毫升

辅料 陈皮15克，冰糖约50克

做法

1. 绿豆、大米分别洗净，用清水浸泡一晚；陈皮浸软，洗净。
2. 煲中放入清水，加入绿豆用中火煮30分钟。
3. 再下大米、陈皮，改用小火煮1小时。
4. 加入冰糖拌匀，即可食用。

煮绿豆时，在煲底放一个陶瓷的勺子，可避免煳底。

功效

本品性凉，有清暑热、利水、消肿、减肥等作用。由于含绿豆量较多，而绿豆最具解毒功能，故本品还可解各种食物中毒。

小知识

绿豆沙以其香滑清甜、清热解暑、别具一格的风味而独树一帜，饮誉羊城。绿豆沙选用颜色新鲜、品质优良的绿豆为原料，再加入适量的香草、陈皮，佐以白糖、黄糖调味，以适当的火候熬制，将绿豆煲至起“沙”，去“衣”（脱壳）而成。

红豆浸泡以2小时为宜，如时间太赶，可不浸泡直接煮，而不能用热水浸泡。

功效

莲子是著名的滋养类食物，可养神安宁、降血压。百合能补中益气、温肺止咳。二者同食还可以改善肤色。

粤式红豆沙主要是将红豆、陈皮、冰糖及水混合，煮至有沙状的口感。而莲子百合红豆沙寓意“百年好合”，是婚宴热门的甜品。

莲子百合红豆沙

主料 红豆 50 克，莲子 20 克，百合 10 克

辅料 陈皮适量，冰糖 50 克

做法

1. 将红豆、莲子、百合洗净，用清水浸泡 2 小时。
2. 锅中加水煮开，加入红豆、陈皮、莲子、百合大火煮开。
3. 转小火煲 2 小时，再改大火煲半小时，最后加冰糖拌匀即可。

红薯糖水

红薯 400 克，红枣 20 克

冰糖 100 克

做法

1. 红薯去皮，切块；红枣去核，洗净。
2. 把红薯、红枣放进锅中，加入适量清水，以大火煮开。
3. 转小火煮 30 分钟，加入冰糖，煮至冰糖溶化即可。

此糖水可以加上姜片，姜的香味会使糖水更美味。

红薯是粗粮，含有大量膳食纤维，能促进胃肠蠕动，具有减肥美容的功效。红枣能补气养血，是很好的营养品。

红薯糖水是广东甜点，以红薯块加冰糖煮制而成。汤清味甜、无浊质感，薯块不烂，粉而带韧，别具特色。

姜撞奶

主料 生姜 50 克，全脂牛奶适量

辅料 白糖适量

做法

1. 将生姜洗净，去皮，切碎后放入榨汁机中榨出姜汁。
2. 将全脂牛奶倒入锅中，加入白糖，中火煮至牛奶温热后倒入碗中。
3. 将姜汁搅拌一下，冲入牛奶中，3 ~ 4 分钟后，一款美味糖水就做成了。

技巧

姜要新鲜即榨；牛奶煮好后放置至70℃ ~ 80℃再倒入姜汁最佳。

功效

姜汁撞奶如嫩豆腐般白白的，爽口甘甜。因为姜汁能燃烧脂肪，所以吃这款甜品，不但不会长胖，还有消减脂肪的功效。

小知识

据说广东番禺沙湾镇的一位婆婆咳嗽很辛苦，想用姜汁治咳嗽，但姜汁太辣，老婆婆喝不下去。媳妇不小心把奶倒入装姜汁的碗里，奇怪的是过了一阵子牛奶凝结了，婆婆喝了后顿觉满口清香，第二天病就好了，姜撞奶于是传播开来。

杏仁奶糊

主料　脱皮杏仁 150 克，温水 250 毫升，糯米粉 50 克

辅料　清水 450 毫升，炼乳适量

做法

1. 杏仁用 250 毫升温水泡 3 小时。
2. 将泡好的杏仁和水放入搅拌机搅 3 分钟，倒出备用。
3. 杏仁糊连同糯米粉加清水以中小火煲开。
4. 煮好后放入炼乳即可。

加入炼乳时必须注意搅动，否则容易粘锅。

炼乳中的碳水化合物和抗坏血酸（维生素 C）比奶粉多，其他如蛋白质、脂肪、矿物质、维生素 A 等成分，皆比奶粉少。

杏仁不可与小米、板栗、猪肺、猪肉、狗肉等同食。

杨枝甘露

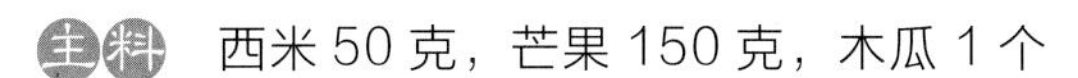

主料 西米 50 克，芒果 150 克，木瓜 1 个

辅料 椰汁、牛奶各 200 毫升，冰糖适量

做法

1. 芒果去皮，挖肉，用搅拌机将果肉打成浆；木瓜去皮，去核，切成粒。
2. 西米煮熟，放凉，沥干；冰糖加水煮至溶化；糖水中加入西米煮约 2 分钟，关火静置。
3. 待西米糖水温度降至 40℃时，加入牛奶、椰汁，拌匀。
4. 最后加入芒果汁，放入木瓜粒即可。

技巧

皮质细腻且颜色深的芒果才新鲜，若果皮有少许皱褶会更甜。发绿的芒果是未成熟的，不宜购买。

功效

木瓜含有番木瓜碱、木瓜蛋白酶、木瓜凝乳酶、B 族维生素、维生素 C、维生素 E、糖分、蛋白质、脂肪、胡萝卜素等营养成分，具有助消化、消暑解渴、润肺止咳之效。

小知识

杨枝甘露是深受香港人喜欢的一道冷饮，1987 年诞生于新加坡利苑餐厅，如今几乎所有的甜品店都能找到它。杨枝甘露的味道独特，又被制作成其他食品，例如杨枝甘露蛋糕、杨枝甘露布丁、杨枝甘露冰棒等。

芝麻糊

黑芝麻 30 克

糖 30 克

做法

1. 将黑芝麻洗净，沥去水分后入锅中炒熟，碾碎。
2. 将碾碎的黑芝麻放入碗中。
3. 酌量加水、糖，搅匀即可。

保存芝麻时，最好采用密封的方法，并存放在阴凉的地方，避免光照和高温。

黑芝麻味甘、性平，有补血、润肠、通乳、养发等功效。另外，黑芝麻中的维生素 E 非常丰富，可延缓衰老，并有润五脏、强筋骨、益气力等作用。

芝麻糊中还可以加入其他材料，如淮山、花生等，这样更具风味。

香芋西米露

技巧

氽西米时要等水开后再放西米，煮的时候多搅动以避免粘连。

功效

香芋富含蛋白质、皂角苷以及多种维生素，能够增强免疫力，调整酸碱平衡。

小知识

香芋西米露发源于广东一带，流传到了广西南宁，才得以名声大振。如今去南宁的旅客必定会品尝一次特色的香芋西米露。

主料 西米 50 克，香芋 100 克

辅料 椰汁、牛奶、糖各适量

做法

1. 西米洗净，用冷水浸泡 30 分钟，入锅煮熟，熄火后过冷水，再沥干。
2. 香芋去皮，洗净，切丁，入沸水锅中煮熟，捞起沥干。
3. 另起锅，下入椰汁、牛奶，煮至沸腾，再放入西米和香芋丁稍煮，再加糖调味即可。

杏仁要放在密封的盒子里，安置在干燥、避免阳光的地方保存。

功效

椰汁具有滋补、清暑解渴的功效，主治暑热内渴，津液不足之口渴。常食此甜品对滋润皮肤，治疗咽痛咳嗽，大便秘结有益。

小知识

挑选甜杏仁时，应选颗粒较大、均匀、饱满并且有光泽，形状多选鸡心形、扁圆形，仁衣呈浅黄略带红色，颜色清新鲜艳，皮纹清楚不深，仁肉白净的。

椰汁杏仁露

主料 花生米 100 克，甜杏仁 50 克，纯牛奶 200 毫升，椰汁 50 毫升

辅料 糖 20 克

做法

1. 将花生米和甜杏仁下入干锅中炒至表面变色。
2. 将炒好的花生米、甜杏仁连同 1/3 纯牛奶倒入搅拌机中搅拌，取汁。
3. 另起锅，下入椰汁、纯牛奶，煮至沸腾，再加糖调味即可。

椰奶炖木瓜

主料 木瓜 400 克，牛奶、椰汁各适量

辅料 冰糖适量

做法

1. 木瓜去籽，切块，放入深碗中，倒入椰汁、牛奶以及冰糖。
2. 将深碗下入蒸锅中，用大火蒸 30 分钟以上，至果肉软烂后取出。
3. 糖水放凉后，入冰箱冷藏后即可食用。

技巧

此甜品用椰汁与牛奶制作比直接在超市买椰奶饮料更具风味。

功效

木瓜含有番木瓜碱、木瓜蛋白酶、木瓜凝乳酶、番茄烃、维生素 B、维生素 C、维生素 E、糖分、蛋白质、脂肪、胡萝卜素等成分，助消化之余还能消暑解渴、润肺止咳。

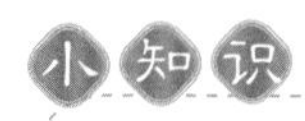

小知识

小便淋涩疼痛患者忌食木瓜。木瓜不宜多食。木瓜不可与鳗鲡同食，忌铁铅器皿。

技巧

红枣最好去核再煮，不然会引起人体燥热。

功效

桂圆含丰富的葡萄糖、蔗糖和蛋白质等，含铁量也比较高，可在提高热能、补充营养的同时促进血红蛋白再生，从而达到补血的效果。

小知识

桂圆有益脾、健脑的作用，故可入药；种子含淀粉，经适当处理后，可酿酒。

桂圆鸡蛋糖水

主料 干桂圆 10 克，黄芪 5 克，红枣 10 克，鸡蛋 1 个

辅料 冰糖 15 克

做法

1. 干桂圆去壳、核，洗净；红枣去核，洗净；鸡蛋煮熟，剥壳。
2. 煮沸清水 1000 毫升，加入桂圆肉、红枣、黄芪煮 20 分钟，再用小火炖煮 90 分钟。
3. 加入冰糖和鸡蛋，待冰糖完全溶化即可。

若想喝到稍黏稠的糖水，可在泡发银耳时用开水泡久点，泡至完全发软后再煮。

功效

银耳味甘、淡、性平、无毒，既有补脾开胃的功效，又有益气清肠、滋阴润肺的作用。银耳富有天然植物性胶质，是可以长期服用的良好润肤食品。

品质新鲜的银耳，应该是无酸、臭、异味等。干银耳呈白色是熏过硫黄漂白过的，只有新鲜或者泡发后的银耳是白色的，晒干或烘干后的正常颜色为金黄色。

杏仁桂圆炖银耳

水发银耳 200 克，甜杏仁、桂圆肉各 25 克

冰糖 100 克

做法

1. 甜杏仁放入热水中浸泡，剥去种膜。
2. 桂圆肉放入凉开水中略泡，银耳去杂洗净，浸泡。
3. 将主料放入砂煲，大火煮沸后转用小火，炖至银耳软糯，加冰糖煮至溶化即可。

木瓜炖雪蛤

主料　雪蛤膏 50 克，木瓜 200 克

辅料　姜、冰糖适量

做法

1. 雪蛤膏用温水浸 3 小时，去除杂质。
2. 雪蛤膏入锅，用沸水稍煮 5 分钟，沥干水分。
3. 木瓜洗净去皮、去核，切粒，姜磨成蓉。
4. 煮沸清水，加入姜蓉、雪蛤膏煲滚，转小火煮 1 小时。
5. 加入木瓜再煲 15 分钟，下冰糖煮溶化即可。

技巧

在发泡雪蛤的过程中，可以在发泡的容器内放入姜片来去腥，炖的时候也可以放入姜片去腥。

功效

雪蛤油中含有 4 种激素、9 种维生素、13 种微量元素和 18 种氨基酸及多种酮类、醇类、多肽生物活性因子，对抗衰驻颜、增强免疫力有一定作用。

小知识

雪蛤是生长于中国东北长白山林区的一种珍贵蛙种，由于其冬天在雪地下冬眠 100 多天，故称“雪蛤”。雪蛤油又称林蛙油，自明代起被列为四大山珍（熊掌、林蛙、飞龙、猴头菇）之一。

雪梨切开宜用淡盐水浸着，以免接触空气，氧化而变色。

功效

此甜品可止咳润肺，患有支气管炎、支气管炎扩张、肺结核的病人在夏季容易犯病而发生咳嗽，可多饮用以减缓病症。

小知识

银耳本身应无味道，选购时可取少许试尝，如对舌有刺激或有辣的感觉，则证明这种银耳是用硫黄熏制做了假的。

银耳炖雪梨

雪梨 500 克，银耳 15 克

百合、枸杞各 10 克，冰糖适量

做法

1. 雪梨削去皮，切成块；银耳洗净，泡发 30 分钟后撕成小朵。
2. 银耳块、雪梨块放入炖盅中，加清水，大火煮沸后改小火煮 1 小时。
3. 加入百合、枸杞、冰糖，继续用小火炖 30 分钟，至雪梨块软烂、冰糖溶化即可。

川贝炖雪梨

主料 雪梨500克，川贝6克

辅料 薏米、冰糖各适量

做法

1. 雪梨削去皮、核，切成块；川贝、薏米洗净。
2. 将雪梨块、川贝、薏米、冰糖放入炖盅，加适量清水。
3. 起锅，倒入清水煮沸，再放入炖盅，大火煮至糖水沸腾后再转小火炖2小时，至梨肉软烂时取出食用即可。

技巧

川贝碾碎后煮，滋润效果更好。

功效

梨味甘、性寒，具有生津止渴、养阴润肺、化痰止咳、润肤养颜的功效，配以润肺止咳的川贝，更有清热润肺、止咳化痰之功效。

小知识

在此糖水中，冰糖主要是为了中和川贝的苦味。

技巧

煮红豆时，红糖要到最后才放，太早放糖的话会导致红豆很难煮绵软。

功效

红豆有较多的膳食纤维，具有良好的润肠通便、降血压、降血脂、调节血糖、解毒抗癌、预防结石、健美减肥的作用。

小知识

元代贾铭《饮食须知》中介绍，赤小豆的花叫“腐婢”，能解酒毒，食之令人多饮不醉。

红豆香芋糖水

主料 红豆 100 克，香芋 200 克

辅料 红糖适量

做法

1. 将红豆洗净，用清水浸泡 3 小时。
2. 香芋去皮，洗净，切块。
3. 锅中加入红豆和水，大火煮沸后转中火，煮约 1 小时至红豆开裂。
4. 加入芋头块，续煮 30 分钟，至红豆、芋头软烂后加红糖，搅拌至溶化即可。

技巧

煮至燕窝成品软滑而有弹性、晶莹透亮、夹起来软而不断的时候为最佳。

功效

燕窝有增强免疫力、延缓人体衰老、延年益寿的功效。冰糖燕窝是秋季滋阴润燥的佳品。有补肺养阴、镇咳止血的功效。

小知识

燕窝的营养功效是慢慢渗透并作用于人体的，食用燕窝也是讲究用量和周期的，既不可一日暴食，更不可隔三差五，贵在长期坚持。

冰糖燕窝

主料　燕窝 15 克，粉光参 10 克

辅料　红枣 10 克，冰糖适量

做法

1. 燕窝泡水，去杂质；红枣洗净，去核，备用。
2. 锅中放入清水煮沸，加入燕窝、粉光参、红枣，大火煮沸后转小火炖 1 小时。
3. 加入冰糖煮至溶化即可。

茅根最好绕成一扎，以便隔渣。

 功效

茅根对小便有利，热病烦渴、咳嗽等症状有作用。其药材是干燥的精茎，有时长枝，长短不一。甘蔗中含有丰富的糖分、水分，还含有对人体新陈代谢非常有益的各种维生素、脂肪、蛋白质、有机酸、钙、铁等物质。

脾胃虚寒者与孕妇需酌量饮用。

茅根竹蔗水

茅根约 50 克，竹蔗 1 条，胡萝卜 1 个

冰糖适量

做法

1. 茅根、竹蔗洗净，竹蔗切成 6 片。
2. 胡萝卜去皮洗净，切片。
3. 煲内加水 13 杯或适量，煲滚，放入茅根、竹蔗、胡萝卜煲滚，慢火煲 2 小时，下冰糖煲溶，滤渣，即可享用。

将龟苓膏弄成小块，和牛奶搭配，可以去掉龟苓膏的苦味，口感、味道更佳。

功效

龟苓膏有清热祛湿、旺血生肌、止瘙痒、去暗疮、润肠通便、滋阴补肾、养颜提神的功效。

小知识

龟苓膏是龟板和土茯苓熬制而成，所以叫龟苓膏。家里制作龟苓膏比较麻烦，超市和甜品屋都有出售，比较方便。

牛奶龟苓膏

主料 龟苓膏粉 45 克，牛奶 60 毫升

辅料 冰糖水适量

做法

1. 在龟苓膏粉中徐徐调入凉开水，并不停搅拌，直至调和均匀。
2. 将热水倒入汤锅中，大火煮沸后熄火。
3. 把调好的龟苓膏缓缓倒入沸水中，并用汤勺混合均匀。
4. 将龟苓膏倒入大碗中，放入冰箱冷藏 1 小时，待其凝固后，扣出切块，倒入牛奶，加入冰糖水即可。

家常粤菜

粤菜常说：无鸡不成宴
以鸡肉唱主角，还有鸭、鱼、猪肉、牛肉、各式野味
配以利落的刀工与娴熟的蒸炒焖炖技巧
成就造型精致、用量精细、清淡美味的粤式风味菜
让你欲罢不能

各种原料的处理方法

适合与鸡搭配的食材

金针菇：金针菇富含蛋白质、胡萝卜及人体必需的多种氨基酸，与鸡肉搭配食用，可防治肝脏、肠胃疾病，还可提高儿童智力发育。

田七：田七味微甘、性平，入肝、肾、胃经，有活血化瘀、行气止痛之功效；乌鸡含有丰富的蛋白质和脂肪、钙、磷、铁和核黄素，有补肝肾、益气血、退虚热等功能。田七与乌鸡同食，有补脾益气、养阴益血的功效，对身体虚弱、面色萎黄苍白等症有较好的补益作用。

板栗：鸡肉有补脾造血之功效，板栗也可健脾，两者同食不仅有利于鸡肉营养的全面吸收，还可健脾，增强人体造血功能，对人体非常有益处。

豌豆：鸡肉含有丰富的优质蛋白；豌豆中 B 族维生素含量较高，两者同食有助于人体对蛋白质的吸收。

枸杞：鸡肉中富含蛋白质及不饱和脂肪酸，是老年人、心血管疾病患者良好的高蛋白食品，再配以枸杞可补五脏、益气血。

百合：鸡肉与百合搭配食用，有补血养血、开胃进食的功效，对因产后出血过多，致使身体虚弱而出现的头晕目眩、精神疲乏、乳汁不足等症有一定疗效。

去除鱼腥味的四种方法

中和去腥：动物性食品原料中含有大量的蛋白质、氨基酸、卵磷脂等营养物质，由于环境与自身的细菌作用，会产生多种腥味物质，在烹调时添加适量食醋中和，使其生成醋酸盐类，就可使腥臭味大为减弱。此外，番茄酱中含有柠檬酸、苹果酸等有机酸，也有中和去腥作用，当然直接用西红柿烹煮鱼、肉类同样有去腥效果。

酒类去腥：有些沸点低而不呈碱性的腥味物质，不能采用中和法去腥时，可利用酒精（乙醇）对腥味物质的溶解和挥发性能，将鱼、肉类加热后一并挥发除去腥臭味。同时乙醇还能同原料中的醛类反应，生成的香气物质能与有机酸结合生成酯类，两者共同作用的结果可使菜肴去腥增香。因此，要想鱼、肉的滋味鲜香，没有料酒和食醋是不行的。

香料去腥：我国香料种类繁多，可视具体情况适当选用。如葱含挥发油及葱蒜辣素，生姜含有姜醇、姜烯、姜酚，花椒、胡椒含川椒素，八角中含茴香醇、茴香醚，桂皮中含挥发油、有机酸等等，上述物质使异味减弱且能增香，特别在膻腥味较浓的动物性原料中使用，其去腥增香效果更明显。所以在烹调鱼的时候加入葱、姜等香料几乎是不能缺少的步骤。

加热去腥：沸点较低的腥味物质可用加热方法去腥，而部分沸点较高的腥味物质也可采用长时间加热法，比如炖、烩、烧、烤等烹饪方法去腥，或在热油中让其挥发。大多数腥味物质有一定的水溶性，烹调时可采用先焯水、沸水浸烫等方法去腥再行烹煮。

猪肉的合理烹饪

猪肉的吃法繁多，烹制方法更是令人眼花缭乱。从营养保健角度说，以炖、煮、蒸为好，炸和烤最差。因为在炸、烤的高温下，肉的蛋白质会变性生成苯并芘等有致癌作用的化学物，故应尽量避免，烧焦的肉是不能吃的。煮烂的肉较易消化，蛋白质水解成氨基酸溶入汤中，汤不只味鲜，还富有营养，而且，经 4 ~ 5 个小时的炖煮，肉中的胆固醇含量能减少 50% 以上。

猪肉烹调前不要用热水清洗，因猪肉中含有一种肌溶蛋白的物质，在 15℃ 以上的水中易溶解，若用热水浸泡就会散失很多营养，同时口味也欠佳；猪肉应煮熟，因为猪肉中有时会有寄生虫，如果生吃或未煮熟，可能会在肝脏或脑部寄生有钩绦虫。

猪肉属酸性食物，为保持膳食平衡，烹调时宜适量搭配些豆类和蔬菜等碱性食物，如土豆、萝卜、海带、大白菜、芋头、藕、黑木耳、豆腐等。

怎么挑选牛肉？

分辨牛肉是否新鲜很简单。凡色泽鲜红而有光泽，肉纹幼细，肉质与脂肪坚实，无松弛之状，用尖刀插进肉内拔出时感到有弹性，肉上的刀口随之紧缩的，就是新鲜的牛肉了。如发觉色泽呈现紫红色的，那就是老牛的肉了。如不慎买了老牛肉，若要使其变嫩，只需将其急冻再冷藏一两天，然后使用，则肉质可略变嫩，但缺少鲜美滋味则不在话下。

山羊肉和绵羊肉有什么区别？

从口感上说，绵羊肉比山羊肉更好吃，这是由于山羊肉脂肪中含有一种叫 4-甲基辛酸的脂肪酸，这种脂肪酸挥发后会产生一种特殊的膻味。不过，从营养成分来说，山羊肉并不低于绵羊肉。

相比之下，绵羊肉比山羊肉脂肪含量更高，这就是为什么绵羊肉吃起来更加细腻可口的原因。山羊肉的一个重要特点就是胆固醇含量比绵羊肉低，因此，可以起到防止血管硬化以及心脏病的作用，特别适合高血脂患者和老人食用。

山羊肉和绵羊肉还有一个很大的区别，就是中医上认为，山羊肉是凉性的，而绵羊肉是热性的。因此，后者具有补养的作用，适合产妇、病人食用；前者则病人最好少吃，普通人吃了以后也要忌口，最好不要再吃凉性的食物和瓜果等。

在浸鸡肝时，如一次未浸熟，可用盐沸水再浸。

 功效

油菜心含有大量胡萝卜素和维生素C，有助于增强机体免疫能力。

广州文昌鸡的“文昌”二字，含义有二：一是首创时选用海南文昌县的优质鸡为原料；二是首创此菜的广州酒家地处广州市的文昌路口。此菜是广州八大鸡之一。

广州文昌鸡

主料 鸡800克

辅料 油菜心300克，鸡肝250克，水淀粉、火腿片各7克，食用油75毫升，高汤、盐、料酒、味精、香油各适量

做法

1. 将鸡宰净，放入沸水锅内煮至刚熟，取出晾凉后，起肉去骨，斜切成片；将鸡肝洗净放入碗中，用盐沸水浸至刚熟，取出切成片，盛在碗中。
2. 将油菜心放入沸水锅内焯熟，捞起沥水。
3. 将鸡肉片、火腿片、鸡肝片间隔摆于碟上，连同鸡头、翼、尾摆成鸡的原形；中火烧热炒锅，下食用油、料酒、高汤、味精、水淀粉调稀勾芡，加入香油推匀，淋在鸡肉上，放入油菜心即可。

制白切鸡的关键在以微沸水浸至仅熟，再用冷水过冷而成。鸡熟与否可以摸捏鸡的腿部，以大腿筋紧缩、鸡腿肉紧实、鸡脯肉紧实为熟，以“肉不带血，骨中带血”为佳。

功效

此菜富含蛋白质和维生素 A，有增强体力，强壮身体的作用。

白切鸡是粤菜鸡肴中最普通的一种，属浸鸡类，其制作简易、刚熟不烂，不加配料且保持原味，又以广州荔湾区清平路清平饭店所制为佳，故又名曰“清平鸡”。

白切鸡

主料 鸡 800 克

辅料 姜、葱各 50 克，盐 8 克，熟食用油 60 毫升

做法

1. 鸡宰杀清理干净，姜去皮切丝，葱打结。
2. 锅中倒水，烧至微沸，下葱结、姜丝、盐、鸡浸没。
3. 每 5 分钟捞出鸡沥水，15 分钟后全鸡出锅，过冷水待用。
4. 鸡身用熟食用油涂满，斩件装盘即可。

技巧

在浸卤水的过程中，要把鸡取起倒出鸡腔内的汁，再把沸汁灌入鸡腔，灌满后倒出再灌。反复数次，使内外均匀受热。

功效

鸡肉含有对人体生长发育有重要作用的磷脂类，是中国人膳食结构中脂肪和磷脂的重要来源之一。

小知识

太爷鸡又名茶香鸡，色泽枣红，光滑油润，皮香肉嫩，茗味芬芳，吃后口有余甘，令人回味。因创始人周桂生曾是清末广东新会县的知县，辛亥革命后丢了官，以卖熏烤鸡为业，“太爷鸡”由此得名。

太爷鸡

主料 童子鸡 1250 克

辅料 茶叶 100 克，红糖 50 克，上汤 15 毫升，卤水 500 毫升，食用油 50 毫升，味精、香油各适量

做法

1. 将鸡宰杀洗净，放入微沸的卤水盆中，用小火浸煮，浸煮时用铁钩将鸡每 5 分钟提出一次，倒出鸡腔内卤水，以保持鸡腔内外温度一致，约煮 15 分钟至熟，用碟将鸡盛起。
2. 炒锅烧热，下食用油烧至微沸，再下茶叶炒至有香味，然后均匀地撒入红糖，边撒边炒茶叶。
3. 待炒至冒烟时，迅速将竹箅子放入，并马上将鸡放在竹箅子上，蒸 5 分钟后把鸡盛起。
4. 取适量卤水、上汤、味精、香油调成料汁；把鸡切块，淋上料汁便成。

技巧

豉油汁是由食用油和酱油以1:1的比例混合，再加几滴香油拌匀而成。

功效

鸡肉含有对人体生长发育有重要作用的磷脂类，是人体脂肪和磷脂的重要来源之一。母鸡肉对营养不良、畏寒怕冷、乏力疲劳、月经不调、贫血、虚弱等有很好的食疗作用。

小知识

鸡屁股是淋巴最为集中的地方，也是储存病菌、病毒和致癌物的仓库，应弃掉不要。

豉油鸡

主料　鸡800克

辅料　麦芽糖、豉油汁、玫瑰露酒各适量

做法

1. 将鸡宰好洗净备用。
2. 起锅煮沸豉油汁，下适量玫瑰露酒，把鸡放入。
3. 一边煮一边将豉油汁淋在鸡身上，煮约15分钟至鸡熟，取出，沥干豉油汁。
4. 在鸡皮上均匀地扫上一层麦芽糖，斩件装碟便可。

技巧

此菜宜大火速蒸。

功效

此菜含有丰富蛋白质、糖类和维生素、钙、磷、铁等矿物质，有促进消化、祛除寒气的功效。

小知识

红葱头是中菜烹调中不可或缺的增加香气的食材之一。

红葱头蒸鸡

主料 土鸡 300 克

辅料 红葱头 30 克，生姜 10 克，盐 5 克，味精 3 克，糖 1 克，蚝油 10 毫升，香油 5 毫升，水淀粉、胡椒粉、香菜各适量

做法

1. 土鸡砍成小块，红葱头去外皮，生姜去皮切成片，香菜洗净。
2. 土鸡块和红葱头、生姜片一同放入碗内。
3. 调入盐、味精、糖、蚝油、水淀粉拌匀，装盘。
4. 放入沸水锅中，大火蒸 12 分钟拿出，撒上胡椒粉，浇上香油，摆上香菜即可。

鸡肉先腌制再蒸能让肉质更滑嫩。

香菇富含维生素B群、铁、钾、维生素D原（经日晒后转成维生素D）。另外，香菇含有双链核糖核酸，能诱导人体产生干扰素，提高抗病毒能力。

小知识

浸泡香菇的水中含有较多的营养物质，不宜丢弃。

冬菇蒸滑鸡

主料 鸡500克

辅料 香菇20克，枸杞10克，姜、葱、酱油、盐、食用油、淀粉、料酒各适量

做法

1. 香菇用水泡发后洗净，切块；鸡切小块；葱、姜切丝备用。
2. 将姜丝拌入鸡块中，加入盐、酱油、淀粉和料酒，倒入适量食用油，腌渍半小时。
3. 加入香菇、葱丝、枸杞，上锅蒸15分钟后盖上盖，焖3分钟即可。

葡国鸡

主料 鸡肉300克

辅料 胡萝卜150克，土豆、番茄各100克，洋葱30克，高汤500毫升，白兰地、淀粉、姜黄粉、盐、咖喱粉、食用油各适量

做法

1. 土豆、洋葱、胡萝卜、番茄分别切小块；鸡肉剁成小块，用白兰地、淀粉、姜黄粉、盐腌渍20分钟。
2. 锅中放入食用油，放入洋葱炒香，接着放入番茄、胡萝卜，盛出后放入土豆煎一下。
3. 另起锅放入食用油，将腌制好的鸡肉放入，炒至外皮紧缩，下入咖喱粉炒匀，倒入高汤煮沸。
4. 最后放入土豆、洋葱、番茄、胡萝卜、水，大火煮沸，改小火煮至鸡肉熟透即可。

如果番茄下部长得不是很圆，而是很尖，一般就是过分使用激素所致，不要选购。

洋葱提取物具有杀菌作用，可提高胃肠道张力、增加消化道分泌作用。

消化不良、食欲不振者适宜食用。

技巧

用米酒炖制鸡肉，能使鸡肉的肉质更加细嫩，易于消化。

功效

酒酿含有十多种氨基酸，其中有8种是人体不能合成而又必需的，有活血通经、散寒消积、杀虫之功效。

小知识

酒酿是客家人用糯米酿造的一种酒，属于黄酒，以天然微生物纯酒曲发酵而成，含有40%以上葡萄糖、丰富的维生素、氨基酸等营养成分。

酒酿鸡

主料 肥嫩鸡800克

辅料 葱、姜各10克，料酒50毫升，盐6克，酒酿汁300毫升，味精适量

做法

1. 将鸡宰杀，斩去脚爪，取出内脏，用沸水烫一下，去除血水；葱切段；姜切片。
2. 将鸡放在碗里，加清水、料酒、酒酿汁、盐、葱段、姜片，上笼蒸熟。
3. 蒸熟烂后，除去葱、姜，取出整鸡扣在碗里。
4. 另用蒸鸡的原汤少许，加味精煮沸，浇在鸡上即可。

技巧

烹调鸡翅时，应以小火烧煮，才能发出香浓的味道。

功效

鸡翅含有大量可强健血管及皮肤的成胶原及弹性蛋白等，对于血管、皮肤及内脏颇有益。

小知识

国外有道菜叫coca-chicken，是用可乐、番茄酱为配料制作的，主料为鸡肉，此烧法传入中国后，台湾人改用酱油代替做了改良。现在广东等地甚为流行。

可乐鸡翅

主料　鸡中翅300克

辅料　食用油、酱油、可乐、姜片、葱段、料酒各适量

做法

1. 鸡中翅洗净，和葱段、姜片一同入水中煮沸捞出，沥干水分。
2. 起锅倒入食用油烧热，放入鸡中翅煎至外皮两面泛黄。
3. 倒入可乐，没过鸡中翅，加入酱油、料酒。
4. 大火煮沸后转小火，煮至汤汁浓稠即可。

三杯鸡

主料 光鸡 700 克

辅料 香菇 30 克，辣椒 15 克，葱段、蒜各 10 克，食用油、糖、米酒、料酒、酱油、淀粉、香油、盐各适量

做法

1. 光鸡洗净斩块，加入料酒、酱油、淀粉、盐腌渍 15 分钟；辣椒去蒂洗净，切成圈；香菇泡发，去蒂切成块；蒜切末。
2. 锅内加食用油烧热，下蒜末爆香。
3. 放入鸡块炒至刚熟。
4. 下入香菇、辣椒圈、葱段、米酒、香油、酱油炒匀，盖上锅盖，先用大火煮沸，再改小火焖至汤汁快干时，加糖调味即可。

技巧

此菜应用三黄鸡或清远鸡为主料，不可选购饲料鸡，否则鸡肉会淡而无味。

功效

鸡肉蛋白质的含量比例较高，对营养不良、畏寒怕冷有较好的疗效。

小知识

客家三杯鸡是用麻油、酱油、米酒做的三杯鸡，是一道传统的客家风味菜。三杯鸡咸鲜味重，口味清淡且怕腻口的人，煮三杯鸡时可将酱油、米酒和麻油的分量减半。

步骤 2 中，鸡沥水时不能用金属器具，会导致变色。

功效

盐焗鸡含有大量钙、镁等微量元素。盐焗鸡不但美味，而且十分健康，对人体大有好处。

咸鸡水是将清水 1000 毫升、粗盐 400 克、味精 100 克、沙姜粉 10 克、冰糖 10 克、鸡精 50 克、胡椒粉 5 克、麦芽酚 5 克、姜 25 克、盐焗鸡香料 50 克拌在一起，大火烧开再小火煮 10 分钟而成。

盐焗鸡

主料　光鸡 1 只（约 900 克）

辅料　咸鸡水 1 份，粗盐 3000 克，白纱纸 1 张

做法

1. 光鸡洗净，将双翅翻卒鸡背后边，双脚伸至鸡肚的位置后放入咸鸡水里。
2. 在水中摇摆鸡身，使其受热均匀，约 5 秒后把鸡提起，让鸡腔里的水流走，再浸入咸鸡水内，反复几次，待鸡皮绷紧后，将鸡全部浸入咸鸡水中，约 25 分钟后取出；将鸡放在菜篮里沥干水分。
3. 取出白纱纸，扫油，将鸡包好。
4. 把粗盐放进锅里炒热。
5. 在鸡身外再加一张白纱纸，在纸面上沾水，以防烧焦。
6. 把鸡埋在烧热的粗盐里，小火加热 10 分钟后熄火，再盖上盖焖 25 分钟即可。

烧鸡

光鸡 1 只（约 800 克）

烧鸡皮水 1 份

做法

1. 将光鸡处理干净，去掉鸡油、肺、气管等，吊干水分。
2. 将光鸡放入烧开的烧鸡皮水里，手拿鸡头，屁股入水，入水后反复摇摆让其受热均匀，大概 5 秒后见鸡皮收紧发黄即提起，让鸡腔里的水流出。
3. 重复 3~4 遍后将鸡全部浸入烧鸡皮水中，约 20 分钟后取出，过冷水。
4. 用挂钩吊起鸡，稍干后淋上烧鸡皮水，放在风口处吹干鸡皮。
5. 把炉预热到 260℃左右，将风干好的鸡放进炉里烧约 20 分钟至鸡身金黄色即可。

浸鸡时火不能大，要用小火让鸡慢慢入味。

功效

鸡肉含蛋白质，脂肪，钙，磷，铁，镁，钾，钠，维生素 A、B_1、B_2、C、E 和烟酸等成分。脂肪含量较少，其中含有高度不饱和脂肪酸。另含胆固醇、组氨酸。

烧鸡皮水是将清水 300 毫升、白醋 100 毫升、白酒 10 毫升、麦芽糖 100 克拌匀至麦芽糖全部溶解而成。

把食用油烧开，倒入冰糖，用锅铲不停炒动，至冰糖溶化，再继续炒至起泡、冒大烟，再注入清水，此称为炒焦糖。成品糖浆用于上色。

功效

鸡肉蛋白质的含量比例较高，种类多，而且消化率高，很容易被人体吸收利用。

小知识

白卤水是将八角 5 克、花椒 8 克、丁香 7 克、甘草 5 克用布袋装好；将骨汤 1000 毫升、精盐 4 克、广东米酒 50 毫升、白糖 2 克入锅煮沸后加入料袋煮约 1 小时而成。

脆皮鸡

主料　鸡 1000 克，淀粉 13 克，白卤水 1 份

辅料　食用油 1000 毫升，糖浆适量

做法

1. 煮沸的白卤水盆中下鸡，煮至六成熟取出，将两翼向外扳离鸡身，放入盆内浸煮至刚熟，取出用开水淋匀鸡身，洗去咸味。
2. 用铁钩钩住鸡的双眼，将糖浆淋在鸡身上，鸡皮均匀沾上糖浆，晾干，即可下食用油炸。
3. 将鸡连颈剁掉，烧热锅，下食用油烧至五成熟，下鸡头，炸至金黄色，鸡头呈大红色时捞出。炒锅端离火口，将鸡放入笊篱内，置锅回炉，待食用油烧热，用笊篱托鸡，边炸边摆动。
4. 鸡炸好后马上切块，装盘即成。

技巧

炸火腿的时间不能太长，否则会过硬，影响口感。

功效

鸭肉含丰富的蛋白质、脂肪、钙、磷、铁、烟酸和维生素 B_1、维生素 B_2，可大补虚劳、滋五脏之阴、清虚劳之热、补血行水、养胃生津、止咳自惊、清热健脾。

小知识

不宜与鳖肉同食，同食令人阴盛阳虚，水肿腹泻。

岭南酥鸭

主料　光鸭 2000 克，火腿粒 200 克，鸡蛋 75 克，洋葱粒 50 克

辅料　盐、酱油、味精、葱结、料酒、小麦面粉、五香粉、胡椒粉、菱角粉、姜块、桂皮、大料、花椒、丁香、食用油各适量

做法

1. 光鸭斩去大脚、翼梢，洗净后拆除大小骨头，加入丁香、花椒、桂皮、大料、葱结、姜块、料酒、酱油、盐、味精、胡椒粉拌匀，腌制 2 小时，上笼大火蒸 2 小时至烂，去香料，沥出汤汁。
2. 将鸡蛋磕入碗内，加入五香粉、清水、小麦面粉、菱角粉，用筷子打匀，抹在鸭身上，再抹上干菱角粉备炸。
3. 洗净锅烧热，倒入油，下入洋葱粒炸至金黄色捞出，然后炸火腿粒，最后用七成热油锅炸鸭子，炸至皮酥呈金黄色时，切成条，整齐摆放，把洋葱粒、火腿粒撒在全鸭面上即成。

技巧

将芋头装进口袋（只装半袋），用手抓住袋口，将袋子在地上摔几下，然后将芋头倒出，芋头皮便全部脱下。

功效

芋头中富含蛋白质、钙、磷、铁、钾、镁、钠、胡萝卜素、烟酸、维生素C、B族维生素、皂角甙等多种成分，所含的矿物质中，氟的含量较高，具有洁齿防龋、保护牙齿的作用。

小知识

陈皮的制法：把橘皮洗干净用线串起来晒几天即可。

陈皮芋头鸭

 鸭腿500克

 芋头50克，陈皮20克，食用油、老抽、盐、葱、姜片、茴香、料酒各适量

做法

1. 鸭腿洗净后剁块。
2. 锅热后放少量的食用油，再放姜片，然后放鸭块爆一下，把多余的油分和水分爆出来即可。
3. 芋头去皮，切块；葱切段。
4. 锅热后倒油，放葱、姜、陈皮爆香，再放鸭子翻炒，加入老抽、茴香翻炒出香味。
5. 待香味出来后放入芋头块，加水、料酒、盐炖30分钟，最后小火收汁即可。

鱼头豆腐煲

主料 鱼头 500 克，猪肉 150 克，豆腐片 300 克，香菇 50 克，香菜 5 克

辅料 盐、味精、料酒、鲜汤、姜片、葱段、青蒜、胡椒粉各适量

做法

1. 将鱼头切块，青蒜切成段，豆腐和香菇均切成片；锅内放水置火上煮沸，将鱼头和香菇焯一下。
2. 锅置火上，放入鱼头、香菇、葱段、姜片、料酒和鲜汤，煮沸后撇去浮沫；加盖改用小火炖至鱼头快熟时，拣去葱和姜。
3. 加入豆腐片，继续用小火炖至熟烂；撒入盐、味精、胡椒粉和青蒜段稍炖片刻，加香菜即成。

技巧

豆腐不要煮太久，老了就不好吃了。

功效

此菜富含蛋白质、维生素 A、B 族维生素、钙、镁、锌、硒等营养元素。

小知识

鱼头炖豆腐是一道好菜，不单单味道好，而且豆腐和鱼搭配，具有营养互补的作用。

麒麟鲈鱼

主料 鲈鱼 750 克

辅料 火腿片 100 克，胡萝卜 150 克，香菇、青菜、姜、盐、酒、胡椒粉、味精、葱、香油各适量

做法

1. 将鱼头切下并剖开，鱼身去除大骨，取下鱼肉，再将鱼肉横片成厚片状。
2. 香菇泡软，去蒂，切片；胡萝卜煮熟，切片；葱切段；姜切片、切丝；青菜入沸水汆熟。
3. 每片鱼肉中间夹入一片香菇、一片胡萝卜、一片火腿，再将盐、酒、胡椒粉、味精、香油调匀，淋在鱼肉上，放入青菜、葱段、姜片，入锅以中火蒸 10 分钟。
4. 待鱼蒸熟取出，去掉葱段、姜片，再放入沥干的葱段、姜丝即可。

火腿要先煮熟以去除部分咸味才可用，以免太咸。

功效

此菜对脾胃相宜、益筋骨、化痰止咳，对百日咳、胎动不安、水肿、消化不良等皆有疗效。

小知识

此菜是一款经典粤菜，因其形似麒麟皮甲而得名。由几种用料切成片状，拼配而成，此菜颜色不同，均匀有序，犹如身披鳞甲的麒麟，悦目诱人。

将草鱼泡入冷水内，加入两汤匙醋，2 小时后再去鳞，比较容易刮净。

经常食用草鱼有抗衰老、养颜的功效。而红辣椒具有强烈的促进血液循环的作用，可以改善怕冷、冻伤、血管性头痛等症状。

酸菜不宜与柿子同食，会导致胃石症。

潮州蒸鱼

草鱼 400 克

酸菜 50 克，红辣椒 60 克，鱼露 30 毫升，糖、盐各适量

做法

1. 草鱼去鳞及肠杂，刮净鱼肚内的黑衣，冲洗净，沥干水分，切成三大件相连的鱼块，置于碟上。
2. 红辣椒洗净后切块，将鱼露、沸水、糖熬成的糖浆调拌均匀做成鱼露汁。
3. 酸菜洗净，横切薄片，用盐水腌 10 分钟，捞出冲洗净，去其咸味，沥干水分，再加入适量的糖拌匀腌 10 分钟。
4. 将酸菜和红辣椒铺在鱼的上面，隔沸水大火蒸 10 ~ 12 分钟后取出，倒掉蒸汁，淋上鱼露汁，趁热食用。

技巧

炸鱼片时七成熟即可；炒鱼片时也要把握火候，不要太长时间，不然容易炒老。

功效

鱼肉除了有与肉禽类相近的蛋白质外，还具有低脂肪、矿物质含量高的特点，对促进人体生长发育起到重要作用。而且鱼肉中的蛋白质极易被人体吸收，同时还含有牛磺酸，可强化心脏循环系统，对肝脏机能、神经系统有益。

小知识

一般人都可食用，老人、妇女和儿童应常食。

滑炒鱼片

主料 净鱼肉400克，荷兰豆100克，胡萝卜25克，鸡蛋清1个，食用油1000毫升

辅料 绍酒1大匙，胡椒粉、精盐、味精各1/3小匙，葱、姜丝、蒜片各少许，水淀粉、鲜汤各适量

做法

1. 荷兰豆切去头尾、洗净；胡萝卜切片；鱼肉也切片。小碗中加入精盐、味精、胡椒粉、鲜汤、水淀粉，调制成芡汁备用。
2. 将鱼肉片装入碗内，加蛋清、少许精盐、胡椒粉基本调味，上“蛋清浆”，下入四成热油中滑散滑透，倒入漏勺。
3. 炒锅上火烧热，加少许底油，用葱、姜丝、蒜片炝锅，放入胡萝卜片煸炒，烹绍酒，下入鱼片，泼入调好的芡汁，翻炒均匀，淋明油，出锅装盘即可。

百合汆水时间要长一点，不然易变黑。

黑鱼具有补脾利水、去瘀生新、清热等功效。而中医上讲鲜百合具有养心安神、润肺止咳的功效，对病后虚弱的人非常有益。

黑鱼是乌鳢的俗称，其在不同地域名字也不同。两广地区民间俗称“生鱼”，湖北一带称为“才/财鱼”、“蛇鱼”、“黑鱼”，在福建沿海叫“丽鱼”，龙岩漳平叫“鬼鱼”，山东叫“火头鱼”。

松仁百合炒鱼片

主料 黑鱼400克

辅料 百合50克，熟松仁30克，青辣椒、红辣椒、葱、姜、盐、鸡精、淀粉、胡椒粉、食用油各适量

做法

1. 黑鱼洗净，取净鱼肉切片，加盐、鸡精、淀粉上浆，滑油待用。
2. 青辣椒、红辣椒、姜分别切片，葱切段。
3. 百合洗净，汆水待用，熟松仁炸脆，待用。
4. 坐锅点火，注入食用油烧热，下葱段、姜片煸香，放入百合、鱼片、青辣椒片、红辣椒片翻炒，加盐、鸡精、胡椒粉调味，稍炒片刻出锅，撒上熟松仁即可。

技巧

煎鱼宜用中火，先将一面煎至金黄色，再翻面续煎至金黄色即成，其间不可随意翻鱼，以免将鱼肉弄碎。

功效

此菜含蛋白质、脂肪、维生素 B_1、维生素 B_2 和烟酸、钙、磷、铁、碘等成分。

小知识

黄花鱼是发物，哮喘病人和过敏体质者忌食。

红烧黄花鱼

主料 黄花鱼 1000 克，猪肥瘦肉、青蒜、青菜各 100 克

辅料 姜片 10 克，盐、大葱、料酒、醋、酱油、香油、食用油、清汤各适量

做法

1. 将黄花鱼宰净；在鱼身两面剖上斜直刀，用盐腌渍后入锅两面煎香。
2. 猪肥瘦肉切丝，大葱、青蒜、青菜切段。
3. 炒锅内加油，中火烧至六成热，用葱段、姜片煸炒几下，倒入肉丝，放入料酒、醋，加入酱油、清汤、盐烧至沸，将鱼入锅内小火熬炖 20 分钟，撒上青菜、青蒜，淋上香油盛汤盘内即成。

技巧

切鱼时顺着鱼刺，切起来更干净利落。

功效

武昌鱼富含蛋白质，而脂肪含量低，具有补血、健胃益脾的功效，贫血者食用武昌鱼大有裨益。

小知识

武昌鱼老少皆宜，清蒸、红烧、油焖、油煎均可，尤以清蒸为佳。武昌鱼含高蛋白、低胆固醇，经常食用可预防贫血症、低血糖、高血压和动脉血管硬化等疾病。

油焖武昌鱼

主料 武昌鱼 500 克

辅料 猪肥膘肉 50 克，笋干、食用油、红辣椒、料酒、糖、酱油、姜、葱、盐各适量

做法

1. 武昌鱼宰净，去鳞、内脏及鳃，洗净，在鱼身两面剞十字花刀，用酱油抹匀腌片刻。
2. 猪肥膘肉、红辣椒、葱、笋干切粗丝，姜切末。
3. 炒锅加入食用油，烧至八成热，下入武昌鱼，炸至两面金黄色，捞出沥油。
4. 炒锅留底油烧热，放猪肥膘肉、红辣椒丝、葱丝、笋干丝炒香，放武昌鱼，加料酒、姜末、酱油、糖、盐、水煮沸，小火焖 10 分钟即可。

清蒸鲈鱼

鲜鲈鱼 500 克

姜、葱、酱油、食用油各适量

做法

1. 鱼宰杀洗净，两面均匀打上花刀。
2. 姜、葱分别切成斜刀片、段，另取部分切成丝。
3. 鲈鱼放在大鱼盘里，鱼身上铺上姜片、葱段，入蒸笼内以大火蒸 15 分钟后取出，拣去姜片、葱段。
4. 将姜、葱丝撒在鱼身上，另锅烧食用油至八成热，淋在鱼身上，再倒入适量的酱油在盘中。

蒸鱼时等水沸后将锅盖盖严再蒸，会令鱼更新鲜可口。

功效

鲈鱼肉中有较多的铜元素，铜能维持神经系统的正常功能并参与数种物质代谢的关键酶的功能发挥，铜元素缺乏的人可食用鲈鱼来补充。

小知识

秋末冬初，成熟的鲈鱼特别肥美，鱼体内积累的营养物质也最丰富，是吃鲈鱼的最好时令。

技巧

此菜需大火煮沸片刻后加入淀粉勾芡。

功效

韭黄含有丰富的膳食纤维，可促进排便，其味道有些辛辣，可促进食欲，从中医理论讲，韭黄具有健胃、提神保暖的功效，且对妇女产后调养和生理不适，均有舒缓的作用。

小知识

韭黄多食会上火且不易消化，因此阴虚火旺、有眼病和胃肠虚弱的人不宜多食。

清烩鲈鱼片

主料 鲈鱼600克

辅料 马蹄100克，水发黑木耳50克，韭黄30克，鸡蛋清、葱、姜、香菜、料酒、盐、水淀粉、胡椒粉、香油、熟猪油各适量

做法

1. 鲈鱼宰杀洗净，起肉，鱼骨炖煮成浓汤。
2. 韭黄切段，黑木耳切丝，马蹄切片，姜、葱切末。
3. 将鱼肉切成片，加料酒、盐、鸡蛋清、水淀粉拌匀上浆；坐锅点火，熟猪油烧至四成热，放入鱼片滑油，至鱼片呈乳白色时倒出，沥干油。
4. 原锅仍置火上，留底油，放入葱末、姜末煸香，再放入韭黄段、黑木耳丝、马蹄片煸炒，加入鲈鱼骨浓汤，加料酒、盐煮沸，倒入鱼片，用水淀粉勾芡，淋入香油，撒上胡椒粉，放上香菜即成。

技巧

花甲挑选鲜活的放盆里浸泡 1 天，在水里加少许盐，让其充分吐泥沙。

功效

牛油富含硒元素，具有增强免疫力，防止心脑血管疾病的作用。

小知识

牛油不宜多食，否则容易诱发旧病老疮。

牛油花甲

 主料 花甲 500 克，牛油 20 克，洋葱 50 克

 辅料 盐 5 克，味精 3 克，蚝油 10 毫升，料酒 40 毫升，锡纸 1 张，蒜蓉适量

做法

1. 花甲开边，洗净。
2. 将开好洗净的花甲用盐、味精、蚝油、料酒、蒜蓉、洋葱、牛油拌匀。
3. 将拌好的花甲倒在锡纸上，包好，上微波炉高火煮 8 分钟即可。

白灼虾

主料 新鲜基围虾 500 克

辅料 蒜末 25 克，生抽 50 毫升，香油 5 毫升，盐 5 克，姜块 15 克，食用油 5 毫升

做法

1. 将新鲜基围虾去虾线，洗净；姜切末。
2. 用大火热油，炒热蒜末、姜末，再加入生抽、香油、盐拌匀。
3. 用大火把清水烧开，下入鲜虾灼至熟捞起，控去水分上盘，跟味碟上桌即可。

灼的时间一定要短，火候一定要猛，而且物料一定要新鲜。

功效

虾肉有补肾壮阳，通乳抗毒、养血固精、化瘀解毒、益气滋阳、通络止痛、开胃化痰等功效。

小知识

白灼虾是广东省广州地区一道地方传统名菜，属粤菜系。广州人喜欢用白灼之法来做虾，为的是保持其鲜、甜、嫩的原味，然后将虾剥壳蘸酱汁而食。

技巧

蒸蟹时将蟹捆住，可防止蒸后掉腿和流黄。

功效

青蟹含有丰富的蛋白质及微量元素，对身体有很好的滋补作用，一般人群均可食用，特别适宜跌打损伤、筋断骨碎、瘀血肿痛之人食用。

小知识

在煮食螃蟹时，宜加入一些紫苏叶、鲜生姜，以解蟹毒，减其寒性。

清蒸螃蟹

主料 青蟹500克（最好选用母的）

辅料 香菜20克，姜末30克，醋、酱油、香油各适量

做法

1. 青蟹在凉水中放养15分钟，用刷子洗净蟹身上的泥沙，用小线绳将之捆绑扎好，放入蒸锅中蒸10分钟。
2. 把姜末、醋、酱油、香油调匀成味碟；香菜清洗干净，放入小盘中。
3. 将小线绳拆掉，把蒸好的蟹放入碟中，伴味碟使用即可。用香菜来搓手可以解除腥味。

技巧

蛤蜊最好提前一天用水浸泡，这样才能吐干净泥土。

功效

蛤蜊味咸寒，具有滋阴润燥、利尿消肿、软坚散结作用。常食蛤蜊对甲状腺肿大、黄疸、小便不畅、腹胀等症也有疗效。

小知识

蛤蜊含高蛋白、高微量元素、高铁、高钙、少脂肪，其肉质鲜美无比，被称为“天下第一鲜”、“百味之冠”，江苏民间还有“吃了蛤蜊肉，百味都失灵”之说。

豆豉炒蛤蜊

主料 大蛤蜊800克，青、红椒100克，豆豉适量

辅料 姜、蒜、食用油、盐、料酒、胡椒粉、水淀粉各适量

做法

1. 青、红椒切成斜角块；姜、蒜切末；蛤蜊洗净后，放入凉水中烧到壳张开后，捞出，洗净去沙把水分挤干。
2. 锅内放油烧滚，下姜末、蒜末、豆豉爆香，投入椒块、蛤蜊，下料酒、胡椒粉、盐。
3. 炒约3分钟，淋入水淀粉勾芡，出锅即可。

将白鳝放入 80℃ 的开水中飞水，可轻易地刮去表面的潺。

功效

白鳝是鳗鱼的一种，味甘，性平，具有补虚扶正、祛湿杀虫、养血、抗痨等功效。白鳝富含钙，常食能使人增加钙值，从而强身健体。

小知识

慢性疾病患者、有水产品过敏史者、咳嗽痰多、脾虚腹泻者不宜食用白鳝。

三丝蒸白鳝

主料 白鳝 200 克，红辣椒 10 克，姜 15 克，葱 10 克

辅料 盐、味精、食用油、生抽、蒜、胡椒粉、淀粉各适量

做法

1. 白鳝宰杀，洗净，切段，加盐、味精、胡椒粉、淀粉拌匀，摆入碟内。
2. 红辣椒、姜、葱分别洗净，切丝；蒜切碎。
3. 锅烧沸水，放入摆好的白鳝碟，用大火蒸 6 分钟，取出，撒上红辣椒丝、姜丝、葱丝、蒜末。
4. 锅内放食用油烧热，淋在白鳝上面，加入生抽即可。

煮的过程中为了保住虾的营养，可以选择虾与啤酒搭配。

功效

河虾具有补肾壮阳、开胃化痰的功效，适用于男子肾虚、早泄、阳痿和女子肾虚血少、性欲淡漠等症。

小知识

如果一次吃不完，可放入冰箱保存，再次食用前，用平底锅加热即可，不用再放油。

椒盐虾

主料 河虾 400 克，青、红尖椒各 1 个

辅料 葱花、蒜蓉、姜末、食用油、盐、味精、胡椒粉、辣椒油各适量

做法

1. 用剪刀剪去虾枪、虾脚，青、红椒切成细粒。
2. 锅内放油，烧滚，投入虾炸至熟，捞起。
3. 另起锅，放入青椒粒、红椒粒、蒜蓉、姜末、葱花、虾，调入盐、味精、胡椒粉、辣椒油，翻炒至入味。

烹煮叉烧时，应先把肉上的猪皮割掉，因为正宗的叉烧并不带皮。

猪肉含有丰富的优质蛋白质和必需的脂肪酸，并提供血红素（有机铁）和促进铁吸收的半胱氨酸，能改善缺铁性贫血；具有补肾养血，滋阴润燥的功效。

小知识

蜜汁叉烧是广东省传统名菜之一，从“插烧”发展而来的。

叉烧

 猪腿肉 500 克

 糖 300 克，生抽、麦芽糖各 250 克，盐 100 克，五香粉 15 克，红糟、料酒各适量

做法

1. 猪腿肉去皮、拆骨、去肥膘后，用 M 形刀法切条状；把生抽、糖、盐、五香粉等与肉条揉匀，浸渍 40 分钟，其间翻拌一次，再加入料酒和红糟后，同样翻拌混合。
2. 放入烤箱烤 25 分钟（烤制中途刷上腌料汁一次）；取出肉条稍微晾凉，刷上麦芽糖，再烤 20 分钟（烤制中途刷腌料汁）。
3. 将肉条稍微晾凉，刷上腌汁放入烤箱内烤 20 分钟后取出晾凉即可。

烤乳猪

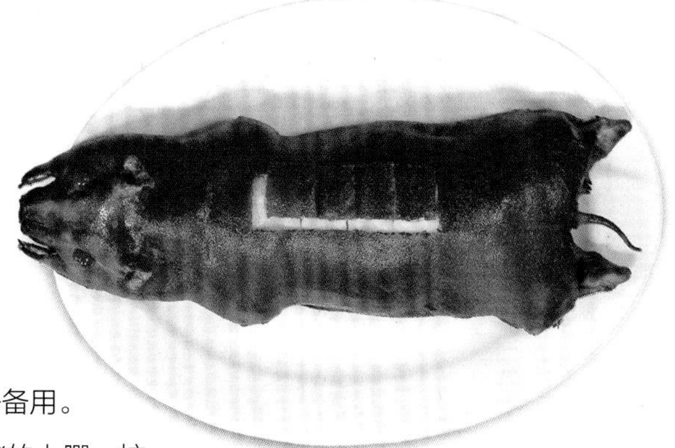

主料 冰冻光猪仔 1 只（约 3000 克）

辅料 烧鸭盐 150 克，猪酱 80 克，烧猪皮水 1 份

做法

1. 光猪仔解冻后，去除表皮污垢，清洗干净备用。
2. 猪背向下，用刀把猪下巴砍开，再砍开猪的上腭，挖走猪脑、内脏及猪板油，竖着劈开整条脊骨，取出骨髓，起掉靠近头部的前几条肋骨，清洗干净。
3. 将烧鸭盐和猪酱混合涂在猪腔内，腌渍 40 分钟，肉厚的地方用刀插几下，多涂点腌料方便其入味。
4. 把烧腊钩钩在后腿骨处，将猪倒挂，将烧开的水烫淋在猪身上，让其表皮绷紧。
5. 烧猪叉从猪后侧双腿骨处穿入，再穿过前面的肋骨，最后插在猪嘴（猪牙）处。
6. 将一根木条竖放在猪腔里边，压在脊骨之上，再用两根短的木条，在猪前肢与接近后肢处横放，三根木条都撑压在猪叉下面，用铁线将猪前后肢扎好。
7. 将扎好的猪放在风扇前稍吹干后，扫上烧猪皮水。
8. 用烧腊钩钩在猪后脚骨处，将猪倒挂在烧烤炉里，猪腔朝火把皮焙至干透，时间约 120 分钟。
9. 用风扇吹至猪身凉透，用锡纸包住猪尾和猪耳朵。
10. 烧麻皮乳猪三步曲。第一步扣皮：把焙干的猪放在明炉上，用中、小火烧至皮色转白，接着将火稍调大，把猪身烧至由白色转为淡红色。第二步起麻：见猪身已烧至淡红色后，用食用油扫一遍猪身，再把火调到最大进行爆皮（起芝麻点）。第三步上色：猪身起完麻点后，把火调到中火，烧至整个猪身金黄色即可。整个过程在 25 分钟左右。

烧的时候搽上食用油，有助于猪身快速加热，还可除去焦味。

烧鸭盐是将白砂糖 60 克、盐 50 克、味精 15 克、五香粉 1 克、沙姜粉 1 克、甘草粉 0.5 克、八角粉 1 克、炒芝麻少许拌匀而成。

猪酱是柱侯酱 50 克、海鲜酱 40 克、花生酱 5 克、芝麻酱 5 克、腐乳 5 克、南乳 5 克、生抽 5 克、白砂糖 25 克、洋葱蓉 5 克、干红葱蓉 5 克、蒜蓉 5 克、食用油适量搅成糊状而成。

烧猪皮水是把 60 克麦芽糖用适量的开水溶化，再放入 250 毫升白醋、250 克大红浙醋及 50 毫升白酒拌匀而成。

白云猪手

主料　猪手（猪前脚）600 克，白醋 600 毫升

辅料　水 250 毫升，老姜 1 块，白砂糖 200 克，广东米酒 30 毫升，盐少许，红辣椒 15 克

做法

1. 姜去皮，切片；红辣椒切丝；将水和白砂糖放入锅中煮溶，再加入醋和盐离火放凉，制成糖醋汁。
2. 猪手洗净，放入沸水煲 20 分钟后取出。用冷水冲干净后把猪毛清理干净，泡冷水 1 小时。
3. 将猪手切成小块，放入姜片、广东米酒再次煮沸，调入盐，大火煮 20 分钟。
4. 将猪手捞起放入冰块中，再加入足量冷水，将猪手完全浸没，冰镇约 1 小时。
5. 将冰镇过的猪手和红辣椒丝一同放入制好的糖醋汁中浸泡 6 小时以上。

煮猪手的时间不要太长。

猪蹄含有丰富的胶原蛋白质，脂肪含量也比肥肉低，能防治皮肤干瘪起皱、增强皮肤弹性和韧性，对延缓衰老和促进儿童生长发育都具有特殊意义。

白云猪手是广州地区传统名菜之一。广州几乎每个酒楼都设有这菜式。其特点是酸中带甜，肥而不腻，皮爽脆，食而不厌，骨肉易离，皮爽肉滑，是佐酒佳肴。

技巧

要想肉粒够脆，最好炸2次。第一次炸至8成熟，盛起滤油，放凉，再烧热锅略为炸一次。宜先捞起材料再关火。

功效

猪肉对增强机体抗病力和细胞活力及器官功能有明显的作用。

小知识

传说由于这道菜以甜酸汁烹调，上菜时香气四溢，令人禁不住“咕噜咕噜”地吞口水，因而得名。

咕噜肉

主料 猪后臀尖250克，菠萝2片

辅料 青椒、红椒、鸡蛋各1个，西红柿酱50毫升，白醋15毫升，糖15克，水淀粉、料酒、盐各适量

做法

1. 猪肉切片用盐、料酒、鸡蛋、水淀粉拌匀腌15分钟；菠萝切小块；青椒、红椒切小块。
2. 油锅内炸肉片成金黄色，再将油温烧到八成热，再放入肉片复炸一次。
3. 锅中入油加热，放入西红柿酱炒出红油，再放入糖、白醋、盐，做成汁，最后画圈淋入水淀粉，再加入菠萝、肉片、青椒、红椒拌匀即可。

因有过油炸制过程，需准备食用油 1500 毫升。

在腌菜中，梅干菜营养价值较高，其胡萝卜素和镁的含量尤显突出；其味甘，可开胃下气、益血生津、补虚劳。

梅菜扣肉是客家招牌菜，色泽金黄，香气扑鼻，清甜爽口，不寒不燥不湿不热，被传为“正气”菜，久负盛名，据说它与盐焗鸡、酿豆腐同时被称为客家三件宝。

梅菜扣肉

猪里脊肉 500 克，梅干菜 200 克

葱、姜、食用油、生抽、糖、盐、蜂蜜、老抽、料酒、五香粉各适量

做法

1. 猪里脊肉洗净切大块，下锅加水煮开后，放入葱、姜、料酒、盐，加盖用中火继续煮 30 分钟。
2. 出锅涂上蜂蜜，风干备用；将梅干菜用凉水浸泡 30 分钟，抓洗备用。锅中倒油，加入猪里脊肉以中小火炸至一面发黄起泡。
3. 出锅晾凉切片，加入梅干菜、盐、生抽、老抽、糖、五香粉等调料拌匀，腌渍 1 个小时。
4. 蒸锅中加入水，放入扣肉，加盖用大火将水煮开，转小火继续蒸熟即可。

技巧

猪肚两面都用盐、生粉反复抓洗3次，洗净后再用食用油抓洗一次，如此洗出来的猪肚口感会更好。

功效

白果是营养丰富的高级滋补品，含有粗蛋白、粗脂肪、还原糖、核蛋白、矿物质、粗纤维及多种维生素等成分。

小知识

白果生食或炒食过量可致中毒，小儿误服中毒尤为常见，使用时尤其要注意分量和食用对象。

白果支竹煲猪肚

主料 腐竹50克，白果10克，猪肚400克

辅料 猪展150克，龙骨100克，老姜、盐、鸡精各适量

做法

1. 猪展斩件，猪肚洗净，龙骨斩件。
2. 锅内烧水至滚后，放入猪肚、猪展汆去表面血渍，再用水洗净。
3. 用砂锅装清水，水煲开，放入猪肚、龙骨、老姜、白果、腐竹煲开后，改用小火煲3小时，
4. 调入盐、鸡精即可食用。

技巧

因有过油炸制过程，需准备食用油 1500 毫升。

功效

排骨除含蛋白、脂肪、维生素外，还含有大量磷酸钙、骨胶原、骨粘蛋白等营养物质。

小知识

湿热痰滞内蕴者慎食排骨；肥胖、血脂较高者不宜多食排骨。

糖醋排骨

主料 小排 400 克，鸡蛋 1 个

辅料 红醋、淀粉、面粉、盐、料酒、红糖、食用油各适量

做法

1. 把小排切成段，用盐与料酒腌二十分钟。再拌入蛋清，把蘸上蛋清的排骨先放到面粉里面裹一层面粉，再放到淀粉里面裹一层淀粉。
2. 裹好粉的小排骨，放入六成热的油里中小火炸至断生；炸过的排骨捞出稍凉，再放至八成热的油里面中火炸至金黄色捞起。
3. 用六分红糖四分红醋的比例调成汁；锅内留油倒入调好的汁，煮开后，放入炸透的排骨翻匀；等汁稍干，用水淀粉勾芡即可。

酸梅蒸排骨

主料 猪大排300克，梅子15克

辅料 淀粉15克，老抽10毫升，糖3克，豆瓣酱10毫升，香油5毫升，蒜10克，盐5克

做法

1. 将排骨斩成小块，洗净，沥水。
2. 将梅子、淀粉、老抽、糖、豆瓣酱、香油、蒜、盐与排骨拌匀，摊放盘中。
3. 于锅内注入适量水，把盘子放入锅中蒸20分钟即可。

技巧

若喜欢吃软烂的排骨，可适当延长蒸制的时间。

功效

梅子属碱性食物，与酸性食物搭配可以改善人体的酸碱值，达到健康养生之目的。梅子还具有敛肺止咳、涩肠止泻、除烦静心、生津止渴、杀虫安蛔、止痛止血的作用。

小知识

酸梅蒸排骨是广东家常菜，将酸梅混合调料与排骨一起蒸制而成。湿热天气时能激活肠胃，重得好胃口。

技巧

排骨要选择脆嫩的小排，这部分很鲜嫩，也带有一些油脂，蒸出来很滑；另外豆豉和生抽都很咸，放盐的时候要注意。

功效

红豆富含蛋白质、脂肪、碳水化合物、粗纤维，以及钙、磷、铁等矿物质。一般人群均可食用，阴虚内热者少食。

小知识

猪肉不宜与乌梅、甘草、鲫鱼、虾、鸽肉、田螺、杏仁、驴肉、羊肝、香菜、甲鱼、菱角、荞麦、鹌鹑肉、牛肉同食。食用猪肉后不宜大量饮茶。

豉汁蒸排骨

主料 排骨500克，豆豉15克

辅料 红豆瓣、料酒、生抽、麻油、冰糖、甜酱、大蒜、姜、大葱、食用油、盐、味精、干淀粉各适量

做法

1. 排骨洗净，斩成段；豆瓣和豆豉分别剁细；蒜、姜切碎，葱切花。
2. 排骨加豆瓣、豆豉、甜酱、姜、蒜、冰糖、料酒、生抽、盐、味精、姜、干淀粉、食用油拌匀，装入盘中，铺平。
3. 入蒸笼蒸20分钟，出锅，撒上葱花，淋上麻油即可。

技巧

猪肝下锅后，淋入料酒（或醋）可增加菜的味道。

功效

猪肝中含有丰富的维生素A、维生素B_2、铁等元素，有补肝、明目、养血的功效，特别适合贫血、常在电脑前工作、爱喝酒的人食用。

小知识

猪肝忌与鱼肉、雀肉、荞麦、菜花、黄豆、豆腐、鹌鹑肉、野鸡同食；黄瓜不宜与花生同食，否则易导致腹泻。

黄瓜炒猪肝

主料 黄瓜 200 克，猪肝 100 克，胡萝卜 50 克

辅料 料酒、酱油、盐、味精、糖、大葱末、蒜末、姜末、淀粉、食用油、鲜汤各适量

做法

1. 将黄瓜、胡萝卜分别洗净，均切成片。
2. 将猪肝洗净，切成薄片，用盐、淀粉抓匀上浆，入四成热油锅中滑透倒入漏勺，去油。
3. 锅内加入适量食用油，放入葱末、姜末、蒜末炝锅，烹入料酒，放入黄瓜、胡萝卜略炒，加盐、酱油、糖、鲜汤、猪肝炒熟，加味精，用水淀粉勾芡，出锅装盘即成。

洋葱牛肉

主料 牛里脊肉 450 克

辅料 洋葱 20 克，青、红椒各 1 个，辣椒油、黑醋、糖、盐各适量

做法

1. 牛里脊肉切片；洋葱去皮切丝；青、红椒洗净切丝；将洋葱和椒丝放入锅中煸炒至熟，捞起。
2. 锅中加半锅水烧开，放牛肉片煮至肉色变白，立即捞出浸入凉开水中，待凉捞出沥干，放在洋葱上。
3. 食用前将辣椒油、黑醋、糖、盐放入小碗中调匀，淋在牛肉上即可。

技巧

在切洋葱前，把切菜刀在冷水中浸一会儿，再切时就不会因受挥发物质刺激而流泪了。

功效

洋葱含有钙、磷、铁、维生素、尼克酸、核黄素、硫胺素等元素。洋葱可刺激胃、肠及消化腺分泌，增进食欲，促进消化。

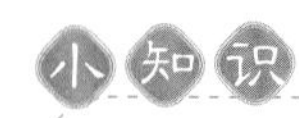

小知识

洋葱忌与蜂蜜同食，否则会导致腹胀、腹泻；洋葱也不宜与黄鱼同食。

技巧

大葱选择葱白部分，葱青遗弃不用。大葱经猛火爆炒后，辛辣味会降低，甜味会完全释出，且葱香味极浓。

功效

牛肉富含优质蛋白质，含有全部种类的氨基酸，还含有铁、锌、镁、钾等元素。牛肉中的肌氨酸含量非常高，这使它对增长肌肉、增强力量特别有效。

小知识

牛肉不宜与板栗、田螺、红糖、韭菜、白酒、猪肉同食。

葱爆牛肉

主料 牛肉 200 克

辅料 熟白芝麻、大葱、蒜末、生姜、盐、米醋、香油各适量

腌料 酱油、辣椒粉、料酒、鸡精、淀粉各适量

做法

1. 牛肉洗净，逆着纹理切成薄片，加入腌料抓匀，腌渍 30 分钟。
2. 大葱去头尾洗净，切段；生姜剁成末。
3. 烧热油，倒入姜末、大葱和蒜末爆香，倒入牛肉片，与大葱一同翻炒，炒至牛肉变色，加入盐和米醋，淋上香油炒匀即可。

牛肉过油时，油温不宜过高。如果是里脊牛肉片，八成熟即可倒出。

功效

牛肉富含蛋白质，对生长发育及术后、病后调养的人在补充失血、修复组织等方面特别适宜。

蚝油含有多种人体需要的氨基酸和蛋白质，富含营养，荤素皆宜。但使用时不宜高温蒸煮，以免所含麸酸钠分解为焦谷氨酸钠而失去鲜味。

蚝油牛肉

 牛肉 500 克，洋葱 75 克

辅料 大葱 10 克，糖 10 克，汤 50 毫升，盐、食用油、淀粉、酱油、料酒、蚝油各适量

做法

1. 将牛肉剔净筋膜，改刀切成薄片；洋葱切成块备用；大葱洗净，切成小粒。
2. 将牛肉片加入料酒、盐、淀粉和油拌匀，腌 15 分钟；锅内放油烧至五成热时，放入牛肉片滑开，再倒入洋葱块冲一下，捞出控净油。
3. 锅置火上，放油烧热，放入葱粒和蚝油煸炒片刻，加上酱油、料酒、糖、汤煮沸，倒入牛肉片和洋葱块炒匀，用水淀粉勾芡，淋入明油，出锅即成。

技巧

将西蓝花提前焯烫一下至熟，可以缩短与牛肉混合后炒制的时间。

功效

牛肉味甘、性平，归脾、胃经；牛肉具有补脾胃、益气血、强筋骨、消水肿等功效。寒冬食牛肉可暖胃，是该季节的补益佳品。

小知识

牛里脊肉很容易熟，煸炒至变色后，基本就熟了，不要过度烹饪，否则肉中的水分流失，反而导致口感不好。

西蓝花炒牛肉

主料 嫩牛柳 200 克，西蓝花 150 克

辅料 胡萝卜、姜、食用油、盐、糖、蚝油、香油、水淀粉、胡椒粉各适量

做法

1. 将牛肉切成薄片，西蓝花切成小颗，烫熟，胡萝卜、姜均切成片。
2. 牛肉加少许盐、水淀粉腌过，烧热锅加入食用油，下牛肉片炒至八成熟时倒出待用。
3. 洗净锅，烧热，下入食用油，待油热时放入姜片、胡萝卜片、西蓝花，调入剩下的盐、糖、蚝油炒至断生。
4. 加入牛肉，撒上胡椒粉，用大火爆炒出香味；用水淀粉勾芡，淋入香油即成。

西红柿炒牛肉

主料 牛肉 500 克，西红柿 200 克

辅料 食用油、生抽、糖、盐、姜、葱、料酒各适量

做法

1. 先把牛肉洗净切片，加生抽、糖、料酒腌渍 20 分钟。
2. 将西红柿洗净切块，姜切丝，葱切粒。
3. 起锅烧食用油，爆香姜丝、葱粒，加西红柿炒至七分熟。
4. 然后加牛肉略炒拌后，加盐调味即可。

牛肉的纤维组织较粗，结缔组织较多，应横切，将长纤维切断，否则不仅没法入味，还嚼不烂。

牛肉有补中益气、滋养脾胃、强健筋骨、化痰息风、止渴止涎之功效，适宜于中气下隐、气短体虚、筋骨酸软、贫血久病及面黄目眩之人食用。

高胆固醇、高脂肪、老年人、儿童、消化力弱的人不宜多吃牛肉。

技巧

汤汁收到只没过牛肉一半之时加入土豆胡萝卜块，这时要不停翻炒，汤汁会很快收干。

功效

牛肉含蛋白质、脂肪、维生素B_1、维生素B_2、钙、磷、铁等成分。土豆含大量淀粉、蛋白质和胶质柠檬酸、乳酸及钾盐。

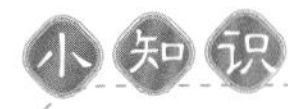

小知识

牛肉味甘性平，能补脾胃，益气血，强筋骨，止消渴，民间有“牛肉补气，与黄芪同功”之说。

胡萝卜土豆烧牛肉

主料 牛肉 500 克，土豆 500 克，胡萝卜 500 克

辅料 青椒、红辣椒、味精、葱、姜、蒜、桂皮、盐、料酒、生抽、老抽、食用油、香油、香叶、小茴香、豆瓣酱、糖、玉米油、水各适量

做法

1. 牛肉切方块，土豆、胡萝卜和青椒切滚刀块。
2. 牛肉加没过面的凉水同时下锅，开锅后继续煮 2 分钟；捞出牛肉，用热水冲去牛肉表面的浮沫。
3. 牛肉和热水一起下锅，添加葱、姜、蒜、香叶、小茴香、桂皮和红辣椒；煮开后添加料酒、生抽、老抽、豆瓣酱、糖、玉米油，用小火焖 40 分钟。
4. 添加土豆、胡萝卜、适量盐继续用小火焖 15 分钟。
5. 添加青椒继续用小火炖 5 分钟，调入味精和香油，出锅即可。

韭菜炒蛋

主料　鸡蛋 3 个，韭菜 100 克

辅料　食用油、盐各适量

做法

1. 韭菜洗净切碎，鸡蛋磕入碗中，搅散。
2. 锅中倒入食用油烧热，放入鸡蛋翻炒片刻。
3. 加韭菜翻炒几下。
4. 加盐调味，出锅装盘即可。

韭菜炒至变色后即可关火。

韭菜含有较多的粗纤维，能增进胃肠蠕动，有效预防习惯性便秘和肠癌，有“洗肠草”之称。

春季食用韭菜有益健康。初春时节的韭菜品质最佳，晚秋的次之，夏季的最差。

技巧

烹调时放入陈皮可起到除异味、增香、提鲜的功效。

功效

鱼肉中富含核酸，是人体细胞所必需的物质，可延缓衰老。豆腐为补益清热养生食品，常食可补中益气、清热润燥、生津止渴、清洁肠胃。

小知识

客家酿豆腐久负盛名，是汉族客家地区三大传统名菜之一。但凡有宴席必有此道菜。“酿”是一个客家话动词，表示“植入馅料”的意思，“酿豆腐”即“有肉馅的豆腐”之意。

酿豆腐

主料 豆腐500克

辅料 鱼脊肉150克，肥肉、虾米粒、香菇粒、葱粒、葱，陈皮、糖、生抽、香油、胡椒粉、淀粉、水淀粉各适量

做法

1. 虾米、陈皮、香菇均浸软切碎；肥肉切小粒状；鱼脊肉剁泥，加糖、香油、胡椒粉，搅至起胶，加入虾米、陈皮、香菇、肥肉及葱等碎粒，搅匀；豆腐切成长方块，中央挖一孔。
2. 在豆腐中间的孔上撒少许淀粉，把鱼肉馅嵌进去，上蒸笼蒸约10分钟。
3. 锅烧热，加水、生抽，煮沸，用水淀粉勾芡，取出淋在豆腐上，即可供食。

蚝油炒芥蓝

主料 芥蓝300克

辅料 蚝油、鸡精、糖、酱油、淀粉、高汤各适量

做法

1. 将芥蓝洗净后切段，汆烫后捞起冲冷水，以保持鲜绿色，放凉备用。
2. 将所有辅料放入锅中煮开，等浓稠时熄火盛起，即为蚝油芡。
3. 芥蓝下锅炒熟，淋上蚝油芡即可。

技巧

蚝油忌高温烹煮，否则会失去特有鲜味，营养成分散失。

功效

芥蓝含有大量膳食纤维，能防止便秘。芥蓝中还含有有机碱，这使它带有一定的苦味，能刺激人的味觉神经，增进食欲，还可加快胃肠蠕动，有助消化。

小知识

芥蓝的食用部分是肥大的肉质茎和嫩叶，适用于炒、拌、烧，也可做配料，汤料等。芥蓝有苦涩味，炒时加入少量糖和酒，可以改善口感。

腊肠百合炒荷兰豆

主料 鲜百合 150 克，腊肠 100 克，荷兰豆 50 克

辅料 食用油 50 毫升，盐、糖、葱末、蒜末各适量

做法

1. 将鲜百合切去根，掰成小花瓣，放沸水锅内烫一下，捞出用冷水过凉，沥净水分；荷兰豆洗净，切段，汆水。
2. 把腊肠洗净，放在碗里，上屉大火蒸约 5 分钟，取出晾凉，改刀斜切片备用。
3. 锅置火上，放食用油 30 毫升烧至八成热，入腊肠片煸炒片刻，出锅备用。
4. 净锅复置火上，放食用油 20 毫升烧热，入葱末、蒜末爆香，加腊肠、百合、荷兰豆炒片刻，入盐和糖炒匀，装盘即成。

荷兰豆汆水时，水中加入少许盐和油，水开后立即下入，待到荷兰豆变色后马上捞出，过凉水，这样荷兰豆会格外爽脆。

功效

百合除含有淀粉、蛋白质、脂肪及钙、磷、铁、B 族维生素、维生素 C、泛酸、胡萝卜素等营养素外，还含有秋水仙碱等多种生物碱，对秋季气候干燥而引起的多种季节性疾病有一定的防治作用。

百合因茎有许多肉质鳞叶，叶片紧紧地抱在一起，故得名“百合”。腊肠是以猪或羊的小肠衣（也有用大肠衣的）灌入调好味的肉料干制而成。

技巧

焯菜心前在水开后滴入几滴油，然后再放入菜心，可保持菜心颜色翠绿。

功效

菜心所含的矿物质能够促进骨骼的发育，加速人体的新陈代谢和增强机体的造血功能。

小知识

“菜远”是“菜软”的广东话发音，是形容将菜掐头去尾，除去菜梗，保留中间的精华，是菜最嫩最好吃的部分，即菜胆。

碧绿菜心

主料 菜心 300 克

辅料 姜片适量，盐 5 克，味精 2 克，蚝油 10 克

做法

1. 菜心切成“菜远”。
2. 热锅，烧开水，将“菜远”焯熟，捞出控净。
3. 入锅下油，放姜片、“菜远”，炒至呈翠绿色，加盐、味精、蚝油调味即可。

技巧

空心菜遇热容易变黄，烹调时要充分热锅，大火快炒，不等叶片变软即可熄火盛出。

功效

空心菜含蛋白质、脂肪、糖类、无机盐、烟酸、胡萝卜素、维生素B_1、维生素B_2、维生素C等，中医认为其有解毒、清热凉血、利尿的作用。

小知识

豆腐乳发酵时容易被微生物污染，豆腐坯中的蛋白质氧化分解后会产生含硫的化合物，过多食用将对人体产生不良影响。除空心菜外，也可选用西洋菜、生菜等蔬菜来代替制作腐乳素菜。

豆腐乳空心菜

主料 空心菜500克，豆腐乳（白）30克

辅料 蒜、姜、食用油、盐、酱油、料酒、糖各适量

做法

1. 把空心菜洗干净，切掉根部较老的部分，约切除5厘米，剩下的部分则切成5～6厘米的长度；大蒜去皮，切末，姜洗净，切末；豆腐乳捣碎。
2. 炒锅置火上，注入适量食用油烧热，下入空心菜、蒜末、姜末，用大火翻炒片刻。
3. 加入适量的盐、酱油、料酒、糖、豆腐乳，轻轻搅匀，出锅装盘即可。

技巧

油麦菜汆水的时间不能长，断生即可。油麦菜有轻微的苦味，一般煮油麦菜的时候都应该放少量白糖来调味。

功效

油麦菜含有大量维生素和钙、铁、蛋白质、脂肪、维生素 A 等营养成分，具有降低胆固醇、治疗神经衰弱、清燥润肺、化痰止咳等功效，是一种低热量、高营养的蔬菜。

小知识

豆豉鲮鱼本身有咸味，盐一定不要放多，可以分次放，先放少点，尝过味后不够再放。

豆豉鲮鱼油麦菜

主料 油麦菜 500 克，罐头豆豉鲮鱼 100 克

辅料 蒜、盐、食用油各适量

做法

1. 油麦菜洗净，对半切开，入锅中汆水；蒜去皮，切末。
2. 热锅下食用油，下蒜末、鲮鱼爆香，下油麦菜、调味料炒匀即可。

技巧

炒的时候，火候一定要掌握好，否则口感不够爽脆。

功效

腰果中的某些维生素和微量元素成分，有很好的软化血管的作用，对保护血管、防治心血管疾病大有益处；还含有丰富的油脂，可以润肠通便、润肤美容、延缓衰老。

小知识

腰果含的脂肪酸属于良性脂肪酸的一种，虽不易使人发胖，但仍不宜食用过多，尤肥胖的人更要慎用。

西芹百合炒腰果

主料 西芹 100 克，腰果 80 克，百合 50 克，胡萝卜 50 克

辅料 盐、糖、食用油各适量

做法

1. 百合切去头尾分开数瓣，西芹切丁，胡萝卜切小薄片。
2. 锅内下食用油，冷油小火放入腰果炸至酥脆，捞起放凉。
3. 锅内下食用油烧热，放入胡萝卜及西芹丁，大火翻炒 1 分钟，放百合、盐、糖大火翻炒 1 分钟盛出，撒上放凉的腰果即可。

技巧

西蓝花入沸水烫后，应放入凉开水内过凉，捞出沥干水再用，焖、炒和加盐时间也不宜过长。

功效

西蓝花的维生素C含量极高，不但有利于人的生长发育，更重要的是能改善人体免疫功能，促进肝脏解毒，增强人的体质，提高抗病能力。

小知识

西蓝花富含钾，而肾功能异常的人体内排钾能力减弱，不宜多吃，或最好将西蓝花汆过之后再食。

香菇炒西蓝花

主料 西蓝花 450 克，香菇 50 克

辅料 食用油、蒜片、盐、胡椒粉各适量

做法

1. 西蓝花洗净，切成块；用热水把香菇泡软，洗净挤干水分，切成片。
2. 西蓝花、香菇同时放入沸水中烫 3 分钟，捞出。
3. 炒锅置大火上，注入适量食用油烧热，下入蒜片炒香，约 1 分钟，倒入香菇炒 1 分钟，加西蓝花、盐翻炒均匀。
4. 倒入清水适量，将锅盖盖上，火调至中火，焖 5 分钟左右，直到西蓝花烧软，其间需要不断翻炒，蒜片去掉，撒上胡椒粉，出锅装盘即可。

腊肉蒸香芋丝

主料 熟腊肉丝 100 克，香芋丝 250 克

辅料 豆豉、干椒末、姜末、蒜蓉、葱花、油、盐、味精、鸡精各适量

做法

1. 将香芋丝下入六成热油锅里，炸至金黄脆酥后捞出，沥尽油，拌入盐、味精、干椒末，扣入蒸钵中。
2. 净锅置大火上，放油烧热后下入干椒末、豆豉、姜末、蒜蓉，放味精、鸡精，一起拌炒均匀，再入腊肉丝，拌匀后出锅盖在香芋丝上，入笼蒸 15 分钟，熟后取出，撒葱花即可。

腊肉亦可选用稍肥一点的，可使油渗入香芋丝中。

香芋中富含多种营养素，可增强人体的免疫力，能够增进食欲，有助于消化。中医认为香芋有益胃宽肠、通便解毒、补益肝肾、调节中气的功用。

有痰、过敏性体质（荨麻疹、湿疹、哮喘、过敏性鼻炎）、小儿食滞、胃纳欠佳，以及糖尿病患者应少食；同时食滞胃痛、肠胃湿热者忌食香芋。

技巧

土豆去皮以后，如果一时不用，可以放入冷水中，再向水中滴几滴醋，可以使土豆洁白，食用时口感也更好。

功效

土豆含有丰富的维生素及钙、钾等微量元素，且易于消化吸收。其中，钾能取代体内的钠，同时能将钠排出体外，有利于高血压和肾炎水肿患者的康复。

小知识

适宜消化不良、习惯性便秘、神疲乏力者食用。

清炒土豆丝

 主料　土豆 400 克

 辅料　食用油、酱油、盐、米醋、葱花和花椒各适量

做法

1. 土豆去皮，洗净，切成细丝，放于清水中浸 10 分钟，洗去水淀粉，清爽为止。
2. 炒锅置火上，注入适量食用油烧热，下入葱花、花椒略炸，倒入土豆丝。
3. 将土豆丝炒拌均匀（约 5 分钟），待土豆丝快熟时加酱油、米醋、盐，略炒一下，出锅装盘即可。

粤式老火靓汤

优选各种荤素食材
配合时令效用的药材
小火慢煲，火候足，时间长
满足口腹之欲、食补养生之效
让美食上一个境界

怎样才能煲好汤

煲汤其实不难，只要掌握了入门的法则，谁都可以熬出美味的靓汤。

煲汤被称作厨房里的功夫活，并不是因为它在烹制上很烦琐，而是因为烹调需要的时间长，有些耗功夫。事实上，煲汤很容易。只要原料调配合理，慢慢在火上煲即可煲出好汤。

食材选择要新鲜：选料是熬好鲜汤的关键。要熬好汤，必须选鲜味足、异味小、血污少、新鲜的动物原料，如鸡肉、鸭肉、猪瘦肉、猪肘子、猪骨、火腿、板鸭、鱼类等。这类食品含有丰富的蛋白质、琥珀酸、氨基酸、肽、核苷酸等，它们也是汤的鲜味的主要来源。禽类煲汤最为营养味鲜，因为经过宰杀等各种环节，肉质中的各种酶会使蛋白质、脂肪等分解为氨基酸、脂肪酸等人体易于吸收的物质，使汤味更鲜醇。

搭配要合理：有些食物之间已有固定的搭配模式，营养素可互补，是餐桌上的“黄金搭配”。最值得一提的是海带炖肉汤，酸性食品猪肉与碱性食品海带的营养正好能互相配合。为了使汤的口味比较纯正，一般不宜用太多品种的动物食品一起熬。

食材的处理技巧：煲汤往往选择富含蛋白质的动物原料，最好用牛、羊、猪骨和鸡、鸭骨等。其做法是：先把原料洗净，入锅后一次加足冷水，用旺火煮沸，再改用小火，持续20分钟，撇沫，加姜和料酒等调料，待水再沸后用中火保持沸腾3～4小时，使原料里的蛋白质更多地溶解。浓汤呈乳白色，冷却后能凝固，便可视为汤熬到家了。

在用鸡、鸭、排骨等肉类煲汤时，要先将肉在开水中氽一下，即俗称的“飞水”。这样既可去除血水，又能去除一部分脂肪。熬煮鱼汤可加入几滴牛奶或放点啤酒，不仅可以去除鱼的腥味，还可使鱼肉更加白嫩，味道更加鲜美。做肉骨汤时，滴入少许醋，可以使更多钙质从骨髓、骨头中析出来，增加钙质。煎鱼时，先将锅烧热，用拍松的生姜在锅内擦拭（姜汁有利于保持鱼皮和锅面的分离），再倒入油煎制，不但可以去除鱼腥味，还可使鱼皮色金黄，不粘锅。

火候控制要恰当：煲汤时食物温度应该长时间维持在85℃～100℃。因此，煨汤火候的要诀是“大火烧沸，小火慢煨”。火候以汤面沸腾程度为准，切忌大火急煮，让汤汁大滚大沸，以免汤中的蛋白质分子剧烈运动而使汤汁浑浊。所以，要想汤清，不浑浊，必须用微火烧，使汤只开锅、不沸腾。其他一些以滚煮方式料理的汤羹，依食材的易熟程度以大火滚沸，再以中火或小火煮熟，使调料和汤汁味融即可。只有这样，才能使食物中的鲜香物质尽可能地溶解出来，使汤既清澈浓醇，又最大程度地锁住了原有的营养成分。原料要相配，还要注意适时投放原材料。一些耐煮的根茎类蔬菜如莴笋、冬瓜、胡萝卜、芦笋等和肉、鱼肉类同时放入时，宜切大块；需加入一些嫩叶类蔬菜时，可在起锅前加入，以保持汤品原料成熟程度一致。

煲的时间有讲究：煲汤的时间是有讲究的，一般鸡汤、肉骨汤煲 2 ~ 3 小时，鱼汤、海鲜煮 1 小时左右即可。因为汤中的营养物质主要来自氨基酸类，加热时间过长，会产生新的物质，营养反而被破坏。水果和一些叶类蔬菜汤一般以滚煮氽煮的料理方法至沸腾即可，以免长时间加热损坏营养素，破坏汤的成色，影响口感。如果是广东的老火靓汤，一般要煲 2 个小时以上。若是炖汤，则需要 4 个小时以上，先旺火烧煮二三十分钟，再转成小火慢熬。这样煲出的汤，火候十足，原汁原味，味道一流。熬汤时温度长时间维持在 85℃ ~ 100℃，如果在汤中加蔬菜应随放随吃，以免维生素 C 被破坏。

配水要合理：水温的变化、用量的多少，对汤的营养和风味有着直接的影响。原则上，煲汤时加水应以盖过所有食材为原则，使用牛肉、羊肉等食材时，水面一定要超过食材。用水量一般是加入食材重量的 2 ~ 3 倍。也可根据个人的喜好加入，按熬一碗汤加它的 2 倍水计算，但不宜让水占的比例太大，否则熬出的汤太清淡，鲜味不够。另外，汤品调理时，水应一次加足，而且要加冷水煲汤，使食材与冷水共同受热。开始熬汤时不宜用热水，如果一开始就往锅里倒热水或者开水，肉的表面突然受到高温，外层蛋白质就会马上凝固，使里层蛋白质不能充分溶解到汤里。如煲煮中途急需加水，可适量加入些温水或热水，忌添加冷水，因为正加热的肉类遇冷收缩，蛋白质也不能充分溶解到汤里，汤的味道会受影响，不够鲜美，而且汤色也不够清澈。

调料加放要适度：很多人在煲汤时容易犯这样的错误：不论做什么汤，都是把葱、姜、料酒等调料一股脑投进去。殊不知，煲汤投放调料宜少不宜多，否则，汤就失去了食材原有的鲜美和营养。

汤品煲制时，如需放入酱油起味，忌过早、过多地放入，以免汤味变酸，颜色发黑变暗。鱼汤、肉汤放盐应在出锅前调味便可，切记不要过早地放盐，过早地放盐不但不能增加味觉感，反而会使食材蛋白质凝固，不易溶解，从而使汤色发暗，浓度不够。另外，论汤品的滋补效用，加入一些中药材煲汤，可使汤品风味更为独特，功效更为卓越。相对其他汤羹类的料理方法，料理一些本无味的食材时，除以汤头提味外，加放调料也要适度，避免味型过于复杂。汤中可以适量放入味精、香油、胡椒、姜、葱、蒜等调味品，但注意用量不宜太多，以免影响汤本来的鲜味。

咸味调料：包括精盐、酱油、酱类、豆豉等。

甜味调料：包括白糖、冰糖、砂糖、蜂蜜、果酱、红糖等。

酸味调料：包括番茄酱、醋类、柠檬汁、橙汁、苹果汁等。

鲜味调料：包括味精、鸡汁、鸡精、蚝油、虾油、虾酱、虾子、鱼露等。

香辛料调料：包括红辣椒、胡椒、姜、葱、蒜、花椒、八角、香叶、丁香、孜然、肉豆蔻、小茴香、陈皮、姜黄粉、紫苏、薄荷、砂仁、草果、洋葱、 红花、肉桂等。

喝汤时间要讲究：饭前一碗热汤可以暖胃，促进胃液的分泌，帮助机体消化吸收，同时让胃部分充盈，减少主食的纳入，从而避免热量摄入过多。但患有浅表性胃炎的人最好在饭后喝。若感觉汤太油腻，可在冷却后用汤勺将浮在汤面的油舀去，喝之前再把汤煲滚即可。

椰子去皮洗净，穿透椰眼，倒出椰汁后从蹄部锯开就可以做成椰盅。

功效

鲍鱼本身营养价值极高，鲍鱼肉含有丰富的球蛋白，蛋白质含量达 40%，还含有二十多种氨基酸及脂肪、糖、无机盐、钙、铁、碘及维生素等物质。干品含蛋白 40%，糖 33.7% 以及大量的维生素。

小知识

除了椰皇，用食材作为炖盅的方法也适用于雪梨、木瓜、南瓜等蔬果，但炖煮的时间要缩短，不然蔬果就会炖软烂了。

椰皇炖鲍鱼

 椰皇 1 只，鲜鲍鱼 50 克，瘦肉 50 克，鸡脚 50 克

 枸杞 3 克，生姜 2 克，葱 2 克，食盐 2 克，鸡精 2 克

做法

1. 先将椰皇切开盖，鲍鱼剖好，瘦肉切粒，姜去皮，葱切段。
2. 锅内烧水，待水开时，投入瘦肉、鲍鱼煮净血水，捞出洗净。
3. 将瘦肉、鲜鲍鱼、姜、葱、鸡脚、枸杞放入椰皇内，加入清水炖 2 小时，调味即可享用。

技巧

将鱼去鳞剖腹洗净后，放入盆中倒一些黄酒，就能除去鱼的腥味，并能使鱼滋味鲜美。

功效

此汤可以补肝肾、健脾胃，经常食用，对体虚、脾弱者十分有益。

小知识

清洗鲢鱼的时候，要将鱼肝清除掉，因其含有毒质。

何首乌淮山薏米白鲢汤

主料 何首乌 20 克，淮山 40 克，薏米 10 克，白鲢 500 克

辅料 葱 10 克，姜 10 克，料酒、盐、胡椒粉各适量

做法

1. 葱洗净，切段；姜洗净，切片。
2. 白鲢洗净，在鱼身上斜划两刀，倒入料酒稍腌。
3. 砂锅中倒入适量清水，加入姜片煮开，放入白鲢、何首乌、淮山、薏米、葱段，煲至鱼熟，加入盐、胡椒粉调味即可食用。

技巧

煎鱼块时应用小火煎至两面微黄。

功效

此汤清润可口，有滋润肺胃、清热润燥之功效，同时也能辅助治疗咽干口燥、肺热干咳、肠燥便秘等。

小知识

芥菜类蔬菜常被制成腌制品，但因腌制后含有大量的盐分，故高血压、血管硬化的病人应少食，以限制盐的摄入。

芥菜蜜枣生鱼汤

主料 生鱼 500 克，猪瘦肉 100 克，芥菜 750 克，干百合 10 克，蜜枣 5 枚

辅料 姜 10 克，盐 5 克，食用油适量

做法

1. 鱼处理干净，切成块；蜜枣洗净，去核；猪瘦肉洗净，切块；芥菜洗净，摘短；姜去皮，切片。
2. 锅内烧食用油，油热时投入生鱼块，小火煎香。
3. 将芥菜、干百合、蜜枣、生鱼、猪瘦肉、姜一起放入砂锅内，加入适量清水，大火烧开后，改为小火煲 3 小时，调入盐和食用油即可食用。

香菜豆腐鱼头汤

技巧

此汤用小火慢煮至汤呈奶白色，味道更鲜美浓郁。

功效

香菜为伞形科一年生草本植物胡荽的全草，性温味辛，气香，功能：内通心脾、外达四肢，既发汗解表，又芳香开胃。豆豉性温味微辛，具有疏散通透之性，既透散表邪，又能健脾助消化。

小知识

豆腐有南豆腐和北豆腐之分。主要区别在点石膏（或点卤）的多少，南豆腐用石膏较少，因而质地细嫩，水分含量在90%左右；北豆腐用石膏较多，质地较南豆腐老，水分含量在85%～88%。

主料 草鱼头500克，香菜15克，豆豉30克，葱白30克，豆腐100克

辅料 食用油、盐、鸡精各适量

做法

1. 香菜、葱白洗净，切碎；豆豉、草鱼头洗净。
2. 草鱼头、豆腐分别下油锅煎香。
3. 草鱼头、豆腐与豆豉一起放入砂锅内，加清水适量，小火煲30分钟，再放入香菜、葱白，煮沸片刻，用盐、鸡精调味，趁热食用。

白芷鱼头汤

主料 白芷 9 克，川芎 9 克，大鱼头 1 个，猪瘦肉 100 克

辅料 姜 2 片，盐、鸡精、食用油各适量

做法

1. 将川芎、白芷用温水泡 5 分钟，洗净；大鱼头去腮，斩块；猪瘦肉洗净，切块。
2. 锅内下食用油烧热，鱼块下油锅稍煎，再与猪瘦肉一起放入开水锅滚去表面血迹，捞出洗净。
3. 将白芷、川芎、大鱼头、猪瘦肉、姜一起放入砂锅内，加入适量清水，大火烧开后转小火煲 3 小时，加盐和鸡精调味即可食用。

技巧

鱼头最好选用鳙鱼即“大头鱼”，疗效较佳。

功效

此汤可治疗男女头痛和四肢痉挛痹痛；此汤也适用于女士由于风邪所致的头昏眼花、头晕头痛。

小知识

凡阴虚阳亢及肝阳上亢者不宜食用；月经过多、孕妇亦忌用。

木瓜银耳鱼尾汤

主料 木瓜1只，银耳50克，鱼尾500克，龙骨200克，猪展肉150克

辅料 姜10克，南北杏10克，盐5克，鸡精5克

做法

1. 龙骨、猪展肉斩件；木瓜去皮、去核、切件；银耳泡洗干净；鱼尾洗净、煎透；姜洗净、拍破。
2. 锅内烧水至水开后，放入龙骨、猪展肉汆去血渍，捞出洗净。
3. 砂锅装水用大火烧开后，放入龙骨、猪展肉、鱼尾、木瓜、银耳、姜、南北杏，煲2小时，调入盐、鸡精即可食用。

木瓜不能用铁器煮。

木瓜可解酒毒，降血压，解毒消肿，还能润肤养颜；银耳补血滋阴，清心润肺。此汤有助消化，对于慢性消化不良、胃炎有食疗效果。

将木瓜掏空后，放入四五块排骨，根据各人口味加入少许蒜末、辣椒、蚝油、米酒等调味品，放入锅中清炖40分钟即可。这道菜做法简单，是一道可以经常做的家常菜。

技巧

烹制鲇鱼前可将其宰杀后放入沸水中烫一下，再用清水洗干净，即可去掉其表面丰富的黏液。

功效

黑豆有养血补虚、滋养调中、利水解毒的功效。此汤对感冒发热、女性产后酸痛、内寒脾湿、婴儿湿疹、体虚盗汗等甚有疗效。

小知识

鲇鱼是发物，因此有痼疾、疮疡者应当慎食或者不食。鲇鱼不宜与牛肝、鹿肉同吃，否则不利于健康。

黑豆鲇鱼汤

主料 黑豆50克，鲇鱼500克，鲜鸡爪100克，瘦肉300克

辅料 姜10克，葱10克，盐5克，鸡精2克

做法

1. 鲇鱼剖好，洗净；鲜鸡爪斩件；瘦肉切粒；黑豆洗净；姜去皮，切片；葱切段。
2. 锅内烧开水，将鲇鱼、瘦肉、鲜鸡爪氽去血渍，捞起用清水冲净。
3. 取炖盅将鲇鱼、瘦肉、鸡爪、黑豆、姜、葱放入炖盅，加入清水，炖2.5小时，加入盐、鸡精即可食用。

土茯苓鲫鱼汤

主料 土茯苓20克，泽泻20克，红豆100克，鲫鱼1条

辅料 姜、盐各5克，鸡精、食用油各适量

做法

1. 将土茯苓、红豆、泽泻洗净；鲫鱼剖腹，去内脏，洗净；姜去皮切片。
2. 烧锅下食用油，油热后放入鲫鱼煎至两面金黄色，再铲出沥干油。
3. 将土茯苓、泽泻、红豆、姜片一起放入砂锅内，加入适量清水，大火烧开后，放入鲫鱼，改用小火煲约2小时，加盐、鸡精调味即可食用。

技巧

红豆洗净后浸泡2小时效果更佳。

功效

土茯苓能解毒、除湿、利关节；红豆能补血、补充维生素、降血脂、减肥；泽泻善于利水、渗湿、泻热、消炎减肥；鲫鱼含脂肪少，有利于减肥。

小知识

红豆能通利水道，故尿多之人忌食。

技巧

收拾鱼的时候，把鱼腹内的黑膜去除干净，才能避免汤味又苦又腥。

功效

淮山能给人体提供大量的黏液蛋白，这是一种多糖蛋白质的混合物，能预防脂肪沉淀 保持血管弹性，避免肥胖，以它配蜜枣煲白鲫鱼能暖中益气、清肝明目。

小知识

鲜淮山是一种日常食物，可当作蔬菜食用；干淮山入中药用，性质平和，多食无妨。

淮山蜜枣煲白鲫

主料 白鲫鱼 1 条，干淮山 20 克，蜜枣 30 克

辅料 姜 10 克，葱 10 克，枸杞 3 克，食用油 20 克，盐 5 克，味精 2 克

做法

1. 将白鲫鱼处理干净，留原条，姜去皮拍破，葱捆成把。
2. 锅内烧食用油，待油热时，投入白鲫鱼，用小火煎香，待用。
3. 另取瓦煲一个，放入白鲫鱼、干淮山、蜜枣、姜、枸杞、葱，注入适量清水，用小火煲约 1 小时，然后调入盐、味精，即可食用。

清理鱼头时要把鱼鳃去掉。

功效

天麻有提神醒脑、疏络脑部血液循环、提高睡眠质量的功效。鱼头则有营养滋补、改善视力和增强记忆力的功效。将天麻与鱼头同煲，各自的功效不但不会冲突，而且其功效会大大提高，有醒神健脑、滋补养身的作用。

天麻不可与御风草根同用，否则有令人肠结的危险。

天麻川芎鱼头汤

主料 鱼头半个，天麻 10 克，川芎 12 克，金针菇 20 克

辅料 姜 10 克，葱 10 克，盐 6 克，鸡精 3 克，食用油 15 克

做法

1. 将鱼头处理干净，金针菇洗净，姜去皮切片，葱切成段。
2. 锅内烧食用油，待油热时，下入鱼头，用小火煎香，盛出待用。
3. 另取炖盅一个，加入鱼头、天麻、川芎、金针菇、姜、葱，调入盐、鸡精、食用油，注入适量清水，加盖炖约 1.5 小时，即可食用。

技巧

看虫草花是否佳品，最简单的办法就是看其头部的子实体，子实体的数量、完整性、饱满程度等直接决定着虫草花的价格高低。

功效

虫草花含有丰富的蛋白质、18种氨基酸、17种微量元素、12种维生素，对增强和调节人体免疫功能、提高人体抗病能力有一定的作用。

小知识

虫草花煲花蟹是冬日民间的“下火靓汤”。花蟹一年四季都有，不过雄花蟹在秋季比较肥美，雌花蟹在冬季比较肥美。

虫草花煲花蟹

主料 花蟹200克，白萝卜250克，虫草花15克

辅料 枸杞3克，姜、葱各10克，盐、鸡精各适量

做法

1. 将花蟹处理干净、砍成块，白萝卜去皮切块，姜去皮切片，葱切成段，虫草花、枸杞洗净。
2. 锅内烧开水，放入花蟹汆去部分腥味，捞出洗净。
3. 另取砂锅加入花蟹、白萝卜、虫草花、枸杞、姜、葱，注入适量清水，用小火煲1小时，调入盐、鸡精即可食用。

西洋参炖海参

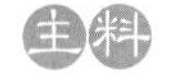

水发海参 100 克，西洋参 10 克，猪脊骨 250 克

淮山、枸杞各 15 克，生姜、盐、食用油各适量

做法

1. 将水发海参洗净，切成小块；猪脊骨斩件；淮山、枸杞、西洋参洗净；生姜洗净，切片。
2. 锅内烧开水，放入脊骨汆后再捞出洗净。
3. 将淮山、脊骨、海参、西洋参、枸杞、生姜放入炖盅内，加入适量开水隔水炖开，水开后用小火炖 1 小时，加盐、少量食用油调味即可。

海参使用前应用冷水浸泡一天一夜，让海参回软，中间换几次冷水。如果海参掐起来还有些硬，可以再次煮开，离火焖 8 小时后换水，然后坚持继续间隔 8 小时换水一次直至水发充分。

功效

海参能有效提高机体的免疫功能，抑制肿瘤细胞的生长和阻止其转移。西洋参尤其适用于经“放疗”、“化疗”后出现疲乏、口渴、舌干、头晕的气阴两虚者。

服用西洋参的同时不能喝浓茶，因茶叶中含有多量的鞣酸，会破坏西洋参中的有效成分，必须在服用西洋参 2 ~ 3 日后才能喝茶。

虫草花胶炖水鱼

主料 虫草 10 克，花胶 150 克，水鱼 1 只，鸡脚 100 克

辅料 枸杞 5 克，葱段 3 克，姜片 3 克，猪展 150 克，盐 5 克，鸡精 5 克

做法

1. 先将花胶用热水发好，水鱼剁洗净，虫草、鸡脚洗净，姜切片。
2. 用锅烧水，待水开时，放入水鱼、鸡脚、猪展，滚去表面的血渍，倒出洗净。
3. 将鸡脚、猪展、水鱼、虫草、花胶放入炖盅内，加入姜片、葱段、枸杞，放入适量清水，上蒸笼炖 2 小时后，调入盐、鸡精即可食用。

技巧

选购时可将花胶放在灯光下照，若呈半透明则质量较好。此外，最好选择较厚，表面没有瘀血，无花心，闻之无臭味的花胶。

功效

此汤滋阴养颜，固肾，提神益精，有滋阴养血、强壮筋骨等功效，用于治疗血虚头痛、水肿、脚气病等。

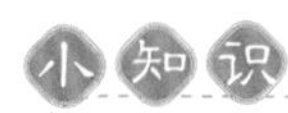

小知识

花胶即鱼肚，是各类鱼鳔的干制品，以富有胶质而著名。花胶与燕窝、鱼翅齐名，是“八珍”之一，素有“海洋人参”之誉。

技巧

炖煮乌鸡时不要用高压锅，使用砂锅小火慢炖最好。

功效

乌鸡内含丰富的黑色素，蛋白质，B 族维生素等 18 种氨基酸和 18 种微量元素，其中烟酸、维生素 E、磷、铁、钾、钠的含量均高于普通鸡肉，胆固醇和脂肪含量却很低。

小知识

淡菜是贻贝的肉经烧煮、暴晒而成的干制食品，味佳美。煮时不加盐，故得名。

淡菜瘦肉煲乌鸡

主料 乌鸡 300 克，瘦肉 100 克，淡菜 20 克

辅料 枸杞 5 克，姜 10 克，葱 10 克，盐 5 克，鸡精 3 克

做法

1. 乌鸡砍块，瘦肉切块，淡菜洗净，姜去皮切片，葱切段。
2. 锅内烧水，待水开后，投入乌鸡、瘦肉，汆去血渍，捞起待用。
3. 取砂锅，加入乌鸡、瘦肉、淡菜、枸杞、姜、葱，注入适量清水，大火煲开后，改用小火煲约 2 小时，调入盐、鸡精即可食用。

忌中途添加冷水，因为正加热的肉类遇冷收缩，蛋白质不易溶解，汤就会失去原有的鲜香味。

海底椰、川贝都是清润滋养的食材。此汤清热润肺、化痰止咳，有持久降血压的作用。

川贝外貌与薏米非常相似，不过价格差别很大，要注意区分。一般川贝在药材店买得到，要选购未经处理过的（带适量灰色）。处理过的川贝相当白净，虽然好看，但功效较弱，而且价钱也较贵。

海底椰川贝炖老鸡

主料 鸡肉 450 克，海底椰 100 克，川贝 10 克，猪展 150 克

辅料 姜片 3 克，葱段 3 克，鸡精 5 克，盐适量

做法

1. 猪展斩件，鸡肉洗净，海底椰、川贝洗净。
2. 用锅将水煮沸后，放入猪展、鸡肉汆去表面的血渍，倒出洗净。
3. 将鸡肉、猪展、海底椰、川贝、姜片、葱段等全部材料放入炖盅内，加入清水炖 2 小时，调入盐、鸡精即可食用。

技巧

在煲汤时，放一块瘦肉，会使煲出来的汤口味更浓更香。

功效

乌鸡的血清总蛋白和球蛋白质含量均明显高于普通鸡，氨基酸也高于普通鸡，而且含铁元素也比普通鸡高很多，营养价值很高。

小知识

此汤是传统、经典的广府汤之一，味如椰汁、色如牛奶，清润可口且能健脾胃，祛湿困，舒筋络。

五指毛桃煲乌鸡

主料　五指毛桃 15 克，乌鸡 350 克，猪瘦肉 100 克，猪脊骨 200 克

辅料　蜜枣、陈皮、姜各适量

做法

1. 乌鸡洗净，斩大块，与猪瘦肉、猪脊骨一同放入沸水中，汆去血渍。
2. 五指毛桃洗净，切片。
3. 砂锅内加入适量清水，水开后将所有材料放入，大火煲开，转小火煲 2 小时，再转大火煲 30 ~ 45 分钟即可食用。

老椰子炖乌鸡

 老椰子 1 个，乌鸡肉 100 克，瘦肉 50 克

 枸杞 5 克，干淮山 5 克，姜、盐、鸡精各适量

做法

1. 老椰子去盖留用；乌鸡肉洗净，砍成块；瘦肉切成块；姜去皮，切片；枸杞、干淮山泡水，洗净。
2. 锅内烧水至水开，放入乌鸡、瘦肉汆去血渍，捞出备用。
3. 将乌鸡块、瘦肉、枸杞、干淮山、姜放入老椰子内，加适量清水，加椰盖入蒸柜炖约 3 小时，调入盐、鸡精即可。

技巧

选用较老的乌鸡，汤汁味会更加丰富有营养。

功效

乌鸡汤胆固醇含量极低，是高蛋白、低脂肪的滋补佳品，有养肝、滋阴、补血、养颜、益精明目的作用。

小知识

如嫌做椰盅麻烦，可买新鲜的椰肉，其他材料如上，入炖盅炖即可。

咸鸡腌渍时间越长越入味。

用消暑祛湿的冬瓜跟温补的咸鸡同煲，可以清除体内积热、强身壮体，加姜片一起煲，可以驱寒凉，老人小孩都适合饮用。

客家咸鸡的做法：活鸡宰净，放入砂煲中加姜和没过鸡身的水，大火烧开煮五分钟后关火，盖盖；把鸡放在原汤里浸30分钟后捞出，擦干水分，趁热用盐抹遍鸡的全身包括胸腔里面，晾至凉透并完全没有水分，包保鲜膜后放入冰箱冷藏10小时以上。

冬瓜胡萝卜煲咸鸡

 咸鸡250克，冬瓜100克，胡萝卜100克，麦冬5克

 姜10克，盐4克，鸡精2克

做法

1. 咸鸡砍成块；冬瓜去皮，去籽，切成块；胡萝卜去皮，切块；姜去皮，切片。
2. 锅内烧水至水开后，放入冬瓜、胡萝卜、麦冬，用中火焯水，去净青味，捞出。
3. 取砂锅，加入咸鸡、冬瓜、胡萝卜、麦冬、姜，注入适量清水，用小火煲1.5小时，调入盐、鸡精即可食用。

乌鸡连骨（砸碎）熬汤滋补效果最佳。

功效

乌鸡肉质细嫩、味鲜可口、营养丰富，对人体极具滋补功效，是高级营养滋补品，尤其适宜女性食用。佐以田七、石斛、枸杞同炖，滋补效果更好。

田七分春、秋两季采收，以“春七”品质为佳，个大、体重、色好，坚实而不空泡。头数越少的田七价值越高。用田七花加工的田七花精，是凉血润燥、治疗青春痘的良药。田七如能与肉、鸡煲汤，其效用倍增。

田七石斛炖乌鸡

主料 乌鸡1只，瘦肉150克，田七10克，石斛5克

辅料 枸杞5克，姜片10克，葱段10克，盐5克，鸡精3克

做法

1. 将乌鸡洗净，瘦肉斩件，田七、石斛、枸杞洗净。
2. 用锅烧开水，放入乌鸡、瘦肉汆去血渍，捞出，用水洗净。
3. 将乌鸡、瘦肉、枸杞、田七、石斛、姜片、葱段放入炖盅内，加清水炖2小时，调入盐、鸡精即可食用。

技巧

清理乌鸡时，除了清洗鸡身表面的脏东西外，还要注意清理嘴巴到食道这个地方。

功效

乌鸡是补虚劳、养身体的上好佳品，人们称乌鸡是“黑了心的宝贝”。此汤有养血益气的作用，对面色苍白、神疲乏力、贫血、高血压、失眠者有辅助疗效。

小知识

感冒发热、咳嗽多痰、腹胀者，有急性菌痢肠炎者忌食乌鸡。此外，体胖、患严重皮肤疾病者也不宜食用。

红枣黄芪乌鸡汤

主料 乌鸡 1 只，猪展 150 克，鸡爪 100 克，黄芪 10 克，红枣 10 克，枸杞 5 克

辅料 姜 10 克，葱段 5 克，党参、盐、鸡精各适量

做法

1. 将乌鸡剖洗干净；猪展斩件；红枣、枸杞、黄芪、党参洗净；姜去皮，拍破。
2. 用锅烧开水，放入乌鸡、猪展、鸡爪汆去血渍，捞出，用水清洗干净。
3. 将乌鸡、猪展、红枣、鸡爪、党参、枸杞、黄芪、姜、葱段放入炖盅内，加入清水炖 2 小时，加盐、鸡精调味即可食用。

土茯苓和茯苓名称相近、形态相似，土茯苓气微，味微甘涩，粉末淡棕色；茯苓气微，味淡，嚼之粘牙，粉末为灰白色。

功效

茯苓，健脾宁心；党参，补中益气，健脾益肺；熟地黄，补血养血；鸡肉，温中益气，补精填髓。此汤适用于气血两虚、面色萎黄、食少倦怠、脾虚湿困、腹胀泄泻等患者食用。

小知识

地黄忌与萝卜、葱白、薤白、韭白一同食用，忌用铜铁器皿煎服。

茯苓地黄煲鸡

主料 鸡肉 500 克，瘦肉 100 克，茯苓 5 克，党参 5 克，熟地黄 8 克

辅料 姜 10 克，盐 4 克，鸡精 3 克

做法

1. 茯苓、党参、熟地黄洗净；鸡肉、瘦肉洗净，切块；姜切片。
2. 锅内烧开水，放入鸡肉、瘦肉汆去血渍，再捞出洗净。
3. 将茯苓、党参、熟地黄、鸡肉、瘦肉、姜片一起放入砂锅内，加入清水适量，大火煲开，改小火煲 3 小时，加盐、鸡精调味即可食用。

技巧

选购鸡爪时，要选择肉皮色泽白亮并且富有光泽、无残留黄色硬皮、质地紧密、富有弹性、表面微干或略显湿润且不粘手的。

功效

鸡脚的营养价值颇高，含有丰富的钙质及胶原蛋白，多吃不但能软化血管，还具有美容功效。此汤采用了麦冬、眉豆两种药材，具有非常好的滋补效果。

小知识

鸡脚又名鸡掌、凤足，在南方，多数被称为凤爪，并有多种知名的菜式如盐水凤爪、沙姜凤爪、卤水凤爪、盐焗凤爪等。

眉豆麦冬炖鸡脚

 鸡脚 200 克，眉豆 50 克，麦冬 10 克，瘦肉 50 克

 姜 10 克，葱 10 克，盐 5 克，鸡精 3 克

做法

1. 鸡脚处理干净去尖，眉豆用温水泡透，瘦肉切成块，姜去皮切片，葱切成段。
2. 锅内烧水，待水开时，投入鸡脚、瘦肉，用中火焯水，去净血渍，倒出洗净。
3. 另取炖盅一个，加入鸡脚、眉豆、麦冬、瘦肉、姜、葱，调入盐、鸡精，注入适量清水，加盖炖约 3 小时，即可食用。

挑选土鸡的四个要点是头要小、毛要亮、脚要细、毛孔小。

功效

章鱼性平、味甘咸，入肝、脾、肾经，有补血益气、治痈疽肿毒的功效。鸡肉对营养不良、畏寒怕冷、乏力疲劳、月经不调、贫血、虚弱等有很好的食疗功效。

小知识

章鱼是一种营养价值非常高的食物，一年四季均可食用，它不仅是美味的海鲜菜肴，而且也是民间食疗补养的佳品，主要用于补血益气。

节瓜章鱼煲土鸡

 节瓜 200 克，章鱼 50 克，土鸡 300 克

 枸杞 5 克，姜 10 克，葱 10 克，盐 8 克，鸡精 3 克

做法

1. 将土鸡砍成块，章鱼用温水泡洗干净，节瓜去皮切块，姜去皮拍破，葱捆成把。
2. 锅内烧水，待水开后，投入土鸡，用中火焯水，去净血渍，倒出洗净。
3. 另取瓦煲一个，加入章鱼、土鸡、节瓜、枸杞、姜、葱，注入适量清水，用小火煲约 2 小时，然后调入盐、鸡精，即可食用。

百合红枣炖乌鸡

主料 乌鸡肉200克，干百合50克，红枣20克，瘦肉50克

辅料 姜10克，葱15克，盐6克，味精3克，料酒3克，胡椒粉少许

做法

1. 乌鸡肉砍成中块，瘦肉切成中块，干百合、红枣用温水泡透，姜切成片，葱切成段。
2. 锅内烧清水，待水开后，下入乌鸡块、瘦肉块，用中火煮去血水，用清水冲净。
3. 取炖盅一个，加入乌鸡块、瘦肉块、干百合、红枣、姜、葱，调入盐、味精、料酒、胡椒粉，注入适量的清水，加盖，入蒸柜隔水炖2小时后即可。

技巧

乌鸡宰杀洗净后，放入沸水中滚5分钟，也就是我们通常所说的“飞水”，不仅可以去掉生腥味，还能使成汤清亮不混浊，鲜香无异味。

功效

百合滋补益中、清心安神，红枣健脾益胃、补中益气，乌鸡补虚劳、养身体。三者合而为汤，具有提神、补气、驱寒、增强抵抗力的功效。

小知识

红枣用盐水冲洗最好。但不宜在水中浸泡过长时间，否则红枣内的维生素会悉数流失，不仅营养价值降低，而且溶解于水的农药有可能会反渗入红枣中。

技巧

将莲子的烹煮时间延长，并打开锅盖，能让莲子中的过氧化氢迅速挥发掉，减少对健康的不利。

功效

节瓜清热、解渴、健脾；淮山健脾、补气、止泻；莲子清心、健脾、补虚；陈皮理气、健胃；老鸭滋阴养胃、利水消肿。本汤可以补益虚损，亦能清热滋阴，老少均宜。

小知识

莲子，别名藕实、水芝、丹泽芝、莲蓬子、水笠子，是睡莲科植物莲的果实或种子。自生或栽培于池塘，我国大部分地区有分布，其中福建产量最大，而以湖南所产的质量最佳。秋末冬初割取莲房，取出果实，晒干，或除去果壳后晒干。

节瓜莲子煲老鸭

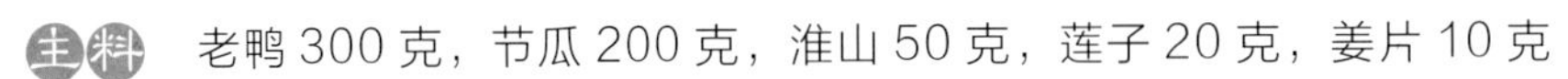

主料 老鸭 300 克，节瓜 200 克，淮山 50 克，莲子 20 克，姜片 10 克

辅料 陈皮、盐、鸡精各适量

做法

1. 老鸭洗净，去毛、内脏、肥膏，斩件；节瓜去皮，洗净，切厚件；淮山、莲子用清水浸洗干净；陈皮、姜片洗净。
2. 锅内烧水，水沸后放入鸭肉汆去血渍，捞出洗净。
3. 将鸭肉、节瓜、淮山、莲子及生姜一起放入砂锅内，大火煲开，放入陈皮，改用小火煲 3 小时左右，调味即可食用。

技巧

如果要汤色好看，可以留几块冬瓜最后放进去。

功效

冬瓜煲老鸭汤选用冬瓜和老鸭同煲，汤中冬瓜清热解暑、清暑利湿，老鸭能滋阴养血，益胃生津。两者合而为汤，能清热生津、滋补养颜。

小知识

冬瓜皮有很高的药用价值，煲汤时不要削掉，洗净即可，其有很好的消水肿和散热毒的功效，而且可以让汤的口感略微清甜。

冬瓜煲老鸭汤

主料 老鸭 300 克，冬瓜 300 克

辅料 泡黄豆 50 克，胡萝卜 50 克，姜 10 克，盐 8 克，鸡精 3 克

做法

1. 老鸭处理干净砍成段，冬瓜去籽留皮切块，胡萝卜去皮切块，姜去皮拍破。
2. 锅内烧水，待水开时，投入老鸭块，用中火焯水，去净血渍，待用。
3. 取瓦煲一个，加入老鸭、冬瓜、泡黄豆、胡萝卜、姜，注入适量清水，用小火煲约 2 小时，然后调入盐、鸡精，即可食用。

技巧

清洗鸭子的时候，将鸭子腹腔里的血块、筋膜彻底清除，把鸭子翅膀、腿根部位的零星鸭毛拔除干净，才能保证鸭汤不腥。

功效

水鸭肉有温中益气，滋肝养气，消食和胃，利水消肿及解毒之功，补阴虚，补而不燥，可以强身健体，且有很高的药用价值。

小知识

水鸭还可以加入冬瓜、绿豆、西洋参、海带等配料煲汤，很适合夏天饮用。

淮杞炖水鸭

主料 水鸭 350 克，干淮山 10 克，枸杞 5 克

辅料 姜 15 克，葱 10 克，盐 3 克，味精 3 克，绍酒 3 克，胡椒粉、清汤各少许

做法

1. 水鸭去净砍成块，姜去皮切片，葱切成段。
2. 锅内烧水，待水开后，投入水鸭块，用大火煮约 15 分钟，去净血水，捞起待用。
3. 取炖盅一个，加入水鸭块、干淮山、枸杞、姜片、葱段，调入盐、味精、绍酒、胡椒粉，注入适量的清汤，加盖入蒸柜隔水炖约 2 小时后，即可食用。

花旗参猴头菇炖乳鸽

主料　乳鸽 300 克，花旗参 15 克，猴头菇 100 克

辅料　枸杞 5 克，姜、盐各适量

做法

1. 乳鸽宰净，切成大块，置沸水中稍汆烫，煮去血水。
2. 猴头菇用温水浸泡洗净，其他材料用清水洗净。
3. 砂锅内加入适量清水，水开后将所有材料放入，大火煲开，转小火煲 2 小时，再转大火煲 15 ~ 30 分钟即可食用。

猴头菇适宜用水泡发而不宜用醋泡发，泡发时先将猴头菇洗净，放在冷水中浸泡后加沸水入笼蒸制或入锅焖煮，或放在热水中浸泡 3 个小时以上。

功效

猴头菇的营养成分很高，它含有的氨基酸多达 17 种，其中人体所需的占 8 种，另外还富含各种维生素和无机盐，可提高肌体免疫力、延缓衰老。

服用花旗参后不宜喝茶及吃萝卜，因为茶叶中含有大量的鞣酸，会破坏花旗参中的有效成分，而萝卜则有消药的功效，会化解花旗参的药性。

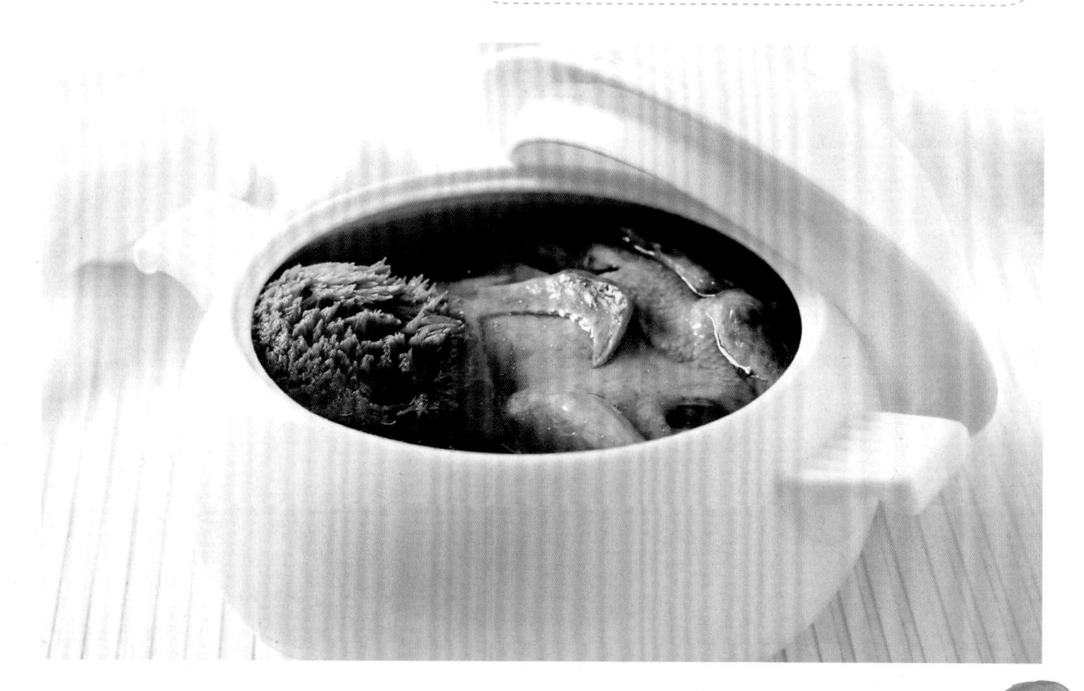

技巧

虫草如果量少，储存时间短，放在阴凉干燥的地方或将其与花椒或丹皮放在密闭的玻璃中，再放在冰箱里冷藏即可。如果存放时间长，最好在放虫草的地方放一些硅胶之类的干燥剂。

功效

乳鸽的骨内含丰富的软骨素，常食能增加皮肤弹性，改善血液循环。乳鸽肉含有较多的支链氨基酸和精氨酸，可促进体内蛋白质的合成，加快创伤愈合。

小知识

如果嫌把冬虫夏草煮水或炖汤喝麻烦，可把冬虫夏草用研磨机研成粉末，装入到胶囊中即可，便于携带，又方便每天进服。

虫草煲乳鸽

主料 乳鸽1只，排骨100克，冬虫夏草8克，眉豆30克

辅料 枸杞5克，姜、葱、盐、鸡精各适量

做法

1. 乳鸽处理干净，留原只；排骨砍成块；姜去皮，拍破；葱切段；眉豆、枸杞洗净。
2. 锅内烧开水，放入乳鸽、排骨汆去血渍，捞出，洗净。
3. 另取砂锅加入乳鸽、排骨、冬虫夏草、眉豆、枸杞、姜、葱，注入适量清水，用小火煲约2小时后，调入盐、鸡精，即可食用。

兔肉酸寒，性冷，干姜、生姜辛辣性热，二者味性相反，寒热同食，易导致腹泻。所以，烹调兔肉时不宜加姜。

功效

红枣性温味甘，入脾经。兔肉，性平味辛，富含蛋白质。两者搭配，营养丰富且有利于人体吸收，更具美容养颜、滋阴补肾的功效。

小知识

兔肉在国外被称为“美容肉”，可长期食用，又不会引起发胖，是肥胖者的理想食品。

淡菜红枣炖兔肉

 兔肉 300 克，淡菜 50 克，红枣 20 克

 葱 10 克，盐 3 克，鸡精 3 克

做法

1. 将兔肉砍成块，淡菜洗净，葱切段。
2. 锅内烧水，待水开后，投入兔肉，用中火煮去血水，倒出待用。
3. 取炖盅一个，加入兔肉、淡菜、红枣、葱，调入盐、鸡精和适量清水，加盖入蒸柜炖约 3 小时后，即可食用。

鹧鸪每次食用量以1~2只为宜，如果长期食用，一般间隔4~5天吃一次。

玉竹，性平味甘，入肺、胃经，补阴润燥、生津止渴，善治肺胃阴虚燥热之症；鹧鸪则有补虚健胃之功。合而为汤能养阴、益胃、除烦，亦为夏末秋初时养生之品。

小知识

野生的鹧鸪是濒危动物、保护动物，在品尝美味的同时要注意保护环境，市场卖的养殖类鹧鸪味道也不赖。

玉竹南杏鹧鸪汤

 鹧鸪1只，猪展肉150克，玉竹5克，南杏10克，鸡脚100克

 枸杞5克，红枣10克，生姜10克，葱5克，盐3克，鸡精5克

做法

1. 将猪展肉斩件，鹧鸪剖净，玉竹、南杏洗净。
2. 用锅烧水至滚后，放入猪展肉、鹧鸪，滚去表面血渍，倒出洗净。
3. 将猪展肉、鸡脚、鹧鸪、枸杞、玉竹、南杏、红枣、生姜、葱放入炖盅内，加清水炖2小时后调入盐、鸡精即可食用。

当归淮山炖鹌鹑

主料 鹌鹑300克，当归15克，干淮山20克，猪瘦肉200克

辅料 枸杞5克，姜片、盐各适量

做法

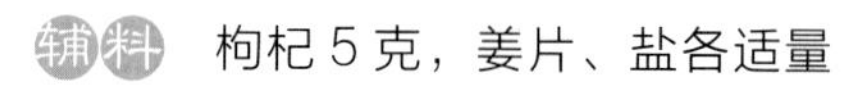

1. 鹌鹑去内脏洗净，与猪瘦肉一同置沸水中稍汆烫，煮去血水；当归、干淮山、枸杞洗净。
2. 将鹌鹑、当归、干淮山、枸杞、猪瘦肉、姜片放入炖盅，加入适量清水，以保鲜膜封住。
3. 将炖盅放入锅中，隔水炖3小时，加盐调味即可食用。

技巧

鹌鹑的头、爪和脖子的皮全部去除。

功效

此汤有益气血、补虚损、祛湿困的功效，适用于病后或产后身体虚弱、心悸气短、倦怠乏力、食欲不佳以及贫血、神经官能症和更年期综合征等。

小知识

鹌鹑的药用价值被视为“动物人参”。鹌鹑肉是高蛋白、低脂肪和维生素多的食物，含胆固醇也低，对肥胖者来说是理想的肉食品种，具有很好的药用价值。

技巧

将猪脑浸入冷水中浸泡，直至看到有明显的血筋粘在猪脑表面时，只要手抓几下，即可将血筋抓去。

功效

猪脑中含的钙、磷、铁比猪肉多，胆固醇含量也极高，100克猪脑中含胆固醇量高达3100毫克。猪脑所含胆固醇是常见食物中最高的一种。

小知识

猪脑属于胆固醇含量最高的食物之一，故患有高血压、冠心病、胆囊炎的中年人应慎食。

淮山枸杞炖猪脑

主料　猪脑1副，淮山10克，桂圆肉15克，枸杞5克

辅料　姜2片，盐、食用油各适量

做法

1. 淮山、桂圆肉、枸杞、姜片洗净，稍浸泡。
2. 猪脑用清水泡浸洗净，并用牙签挑去红筋。
3. 所有材料一起放进炖盅内，加入适量冷开水，隔水炖2.5小时。
4. 调入适量盐、食用油，再炖5分钟即可。

技巧

脊骨中含有大量骨髓，烹煮时加点醋，能促进柔软多脂的骨髓释出，溶入汤中。

功效

猪脊骨味甘、性微温，入肾经；可滋补肾阴，填补精髓。

小知识

该汤适宜长期对着电脑，用眼过度的人群饮用。该汤有美容功效，对皮肤粗糙的女性也适宜。

海底椰玉米煲脊骨

主料 脊骨300克，海底椰片50克，玉米棒100克，胡萝卜100克，党参10克

辅料 姜10克，盐5克，鸡精3克

做法

1. 脊骨砍成块；玉米棒切成节；胡萝卜去皮，切块；姜去皮，切片；党参洗净。
2. 锅内烧开水，放入脊骨汆去血渍，捞出。
3. 另取砂锅加入脊骨、海底椰片、玉米棒、胡萝卜、党参、姜，注入适量清水，大火煲开后，改用小火煲约2小时，调入盐、鸡精即可食用。

技巧

把白胡椒粒拍碎装入猪肚，扎紧猪肚的出口，胡椒的香味更容易渗入猪肚。

功效

白胡椒，温中散寒，醒脾开胃；猪肚，健脾胃，补虚损，通血脉。此汤可以用于改善胃寒、心腹冷痛，因受寒而导致的消化不良、吐清口水，以及虚寒性的胃溃疡、十二指肠溃疡等。

小知识

此汤汤色洁白，味美醇和，可以作为冬季家常汤谱。

白胡椒煲猪肚

主料 猪肚1只，瘦肉100克，白胡椒15克

辅料 姜10克，盐5克，鸡精3克

做法

1. 将猪肚剖开，洗净，切块；瘦肉洗净，切片；白胡椒洗净；姜洗净，切片。
2. 锅内烧开水，放入猪肚、瘦肉汆去血渍，再捞出洗净。
3. 将白胡椒、猪肚、瘦肉、姜一起放入砂锅内，加入清水适量，大火煲开，改用小火煲3小时，加盐、鸡精调味即可食用。

煲汤的水最好用凉水，不要热水，水要一次性加足，最好中途不要加水。

功效

杜仲含有15种矿物元素，其中有锌、铜、铁等微量元素，及钙、磷、钾、镁等宏量元素，具有清除体内垃圾，加强人体细胞物质代谢，防止肌肉骨骼老化等作用。

关节酸胀、四肢痛楚、颈肩不舒、落枕频发、腰困腿软之人适宜食用，阳盛体质者慎食。

杜仲虫草花煲排骨

主料 排骨300克，杜仲10克，虫草花10克，马蹄肉50克，枸杞5克

辅料 姜、葱、盐、鸡精各适量

做法

1. 排骨砍成块；马蹄肉切块；杜仲、虫草花、枸杞洗净；姜去皮，切片；葱切段。
2. 锅内烧开水，放入排骨氽去血渍，捞出洗净。
3. 另取砂锅加入排骨、杜仲、虫草花、马蹄肉、枸杞、姜、葱，注入适量清水，用小火煲约2小时后，调入盐、鸡精即可食用。

冬瓜荷叶排骨汤

主料 猪排骨 500 克，冬瓜 1000 克，鲜荷叶 1 片，薏米 30 克

辅料 姜 3 片，盐、食用油各适量

做法

1. 冬瓜连皮洗净，切成块状；薏米、荷叶洗净，稍浸泡。
2. 猪排骨洗净斩为件状，中火煮净血渍。
3. 将冬瓜、薏米、荷叶、猪排骨与姜一起放进瓦煲内，加入适量清水，先用武火煲沸后，改为小火煲约 3 个小时，加入适量盐和少许食用油便可。

最好选择新鲜的荷叶，鲜荷叶比晒干的荷叶营养高些，汤味更诱人。

功效

此汤有清暑热、祛暑湿的功效。冬瓜有消暑湿、养胃液、涤秽、消痈、行水、消肿的功用。荷叶亦有清暑利湿的功用。这两者均为暑热天时汤品的主要材料。

小知识

大暑时节，天气炎热，汗多，觉少，体力消耗大，消化功能不好，容易精神疲惫、食欲不振，此汤在广东炎夏时节简直是家家户户必备。

技巧

洗净猪蹄，用开水煮到皮发胀，再取出，用指钳将毛拔除即可。

功效

木瓜性平味甘，不寒不燥，润而不燥热，香而能补益。猪蹄是哺乳产妇的最佳营养品，猪蹄中含有丰富的胶原蛋白和弹性蛋白，可以促进乳汁的分泌。

小知识

无花果的果实除了食用之外，还可以健胃清肠、消肿解毒。无花果的果实极为鲜嫩，不易保存和运输，多用以晒制成果干。

木瓜无花果煲猪蹄

主料 木瓜 150 克，猪蹄 250 克，无花果 50 克，枸杞 5 克

辅料 姜 10 克，盐 3 克，鸡精 3 克

做法

1. 将猪蹄处理干净砍成块，木瓜切块，姜去皮切片。
2. 锅内烧水，待水开后，投入猪蹄，用中火煮净血水，捞起冲洗干净待用。
3. 取瓦煲一个，加入猪蹄、木瓜、无花果、枸杞、姜，注入适量清水，加盖，用小火煲约 2 小时，然后调入盐、鸡精即可。

猪心处理时将猪心切成两块，洗去中间瘀血，再用热水烫洗干净即可。

胡萝卜宽中行气，健胃助消化。猪心性温，能养心治虚悸，为补心药之引导。当归胡萝卜煲猪心，清润鲜美可口，有养心安神、除烦祛痰之功效，老少皆宜。

小知识

中医素来有“以形补形”的说法。猪心与人心相似，吃猪心确能补心，因为其有强壮心脏的作用。经常买一个猪心来煲一味汤饮，可以增加心肌功能，益处良多。

当归胡萝卜煲猪心

猪心 200 克，脊骨 120 克，当归 10 克，胡萝卜 100 克

姜 10 克，盐 6 克，味精 3 克，黄酒 5 毫升

做法

1. 猪心处理干净切成块，脊骨砍成块，胡萝卜去皮切块，姜去皮切片。
2. 锅内烧水，待水开后，投入猪心、脊骨，用中火煮去血渍，待用。
3. 取瓦煲一个，加入猪心、脊骨、当归、胡萝卜、姜，注入适量清水、黄酒，用小火煲约 2 小时后，调入盐、味精即可食用。

技巧

霸王花煲汤前，要浸泡后才可以使用。

功效

霸王花性微寒味甘，具有丰富的营养价值和药用价值，对治疗脑动脉硬化、肺结核、支气管炎、颈淋巴结核、腮腺炎、心血管疾病有明显疗效，它具有清热润肺，除痰止咳，滋补养颜之功能，是极佳的清补汤料。

小知识

霸王花还有另外一个名称："假昙花"，因为它与昙花一样，选择在"月上柳梢头，人约黄昏后"的时候开放，在漫漫长夜里散发着独特的馨香，但它不像昙花开落匆匆，即使黎明到来，依然呈现着纯净洁白、英气逼人的花姿。

霸王花红枣煲脊骨

主料 脊骨300克，干霸王花30克

辅料 红枣15克，姜10克，葱10克，盐3克，鸡精3克

做法

1. 将脊骨砍成块；干霸王花用清水洗净；姜去皮，切片；葱切段。
2. 锅内烧开水，投入脊骨，中火煮去血水，捞起冲净。
3. 取瓦煲，加入脊骨、霸王花、红枣、姜、葱，注入适量清水，用小火煲约2小时，去葱，调入盐、鸡精即可。

陈皮大骨煲萝卜

主料 干陈皮 10 克，猪大骨 500 克，白萝卜 100 克，胡萝卜 20 克

辅料 生姜 10 克，胡椒粉、料酒、清汤、盐、味精各适量

做法

1. 干陈皮切丝；猪大骨砍成块；白萝卜去皮，切块；胡萝卜去皮，切块；生姜去皮，切片。
2. 锅内烧水，待水开时，投入猪大骨汆去血水，捞起冲净。
3. 取砂锅，投入猪大骨、胡萝卜、白萝卜、生姜、干陈皮，注入清汤、料酒，用中火煲开，调小火煲 1 小时，调入盐、味精、胡椒粉，煲 10 分钟即可食用。

技巧

煮骨头汤时，为防止骨髓流出来，可用生萝卜块堵住棒骨的两头。

功效

陈皮有理气、健胃、燥湿、祛痰的功效。

小知识

以陈皮为主要成分配制的中成药，如川贝陈皮、蛇胆陈皮、甘草陈皮、陈皮膏、陈皮末等，是化痰下气、消滞健胃的良药。

排骨汤少放或不放盐更容易达到健体补钙的作用。

功效

板栗补肾壮腰、健脾止泻；红枣补中益气，养血安神；排骨含有丰富的钙。

小知识

气血不足、营养不良及患有心血管病的人可多吃红枣；过敏体质的人更应该经常吃红枣，因为红枣有抗过敏的作用。

板栗红枣排骨汤

 排骨 500 克，板栗 100 克，红枣 15 克

 姜、盐、鸡精各适量

做法

1. 板栗、红枣洗净；排骨洗净，斩件；姜切片。
2. 锅内烧水至水开，放入排骨氽去血渍，捞出洗净。
3. 取砂锅，将板栗、红枣、排骨、姜片一起放入锅内，加入适量清水，大火煲开后，改用小火煲 1 小时，加盐、鸡精调味即可食用。

在白萝卜上戳几个洞，放入冷水中和羊肉同煮，滚开后将羊肉捞出，再单独烹调，即可去除膻味。

功效

羊肉益气补虚，温中暖下，能治虚劳羸瘦、腰膝疲软、产后虚冷、腹痛寒疝、中虚反胃。山茱萸能补肾涩精。

小知识

羊肉若能针对性地组方，药、肉共炖，汤肉同食，其填精肾、助阳事之力，大好过羊肉美食之单涮。

山茱萸炖羊肉

主料 山茱萸 15 克，羊肉 250 克。

辅料 生姜片、食盐、鸡精、料酒各适量

做法

1. 山茱萸洗净；羊肉洗净，斩件。
2. 锅内烧水，水开后放入羊肉，滚去表面血迹，再捞出洗净。
3. 将全部材料一起放入炖盅内，加入开水适量，武火炖沸，改小火炖 2 小时，调味即可。

粤式点心

不知面粉能玩什么花样？
加一点辅料、馅料，我就能玩出花来
咸的、甜的、爽口的、软糯的
款式丰富、滋味多种、造型小巧的中西点心
想吃什么就吃什么

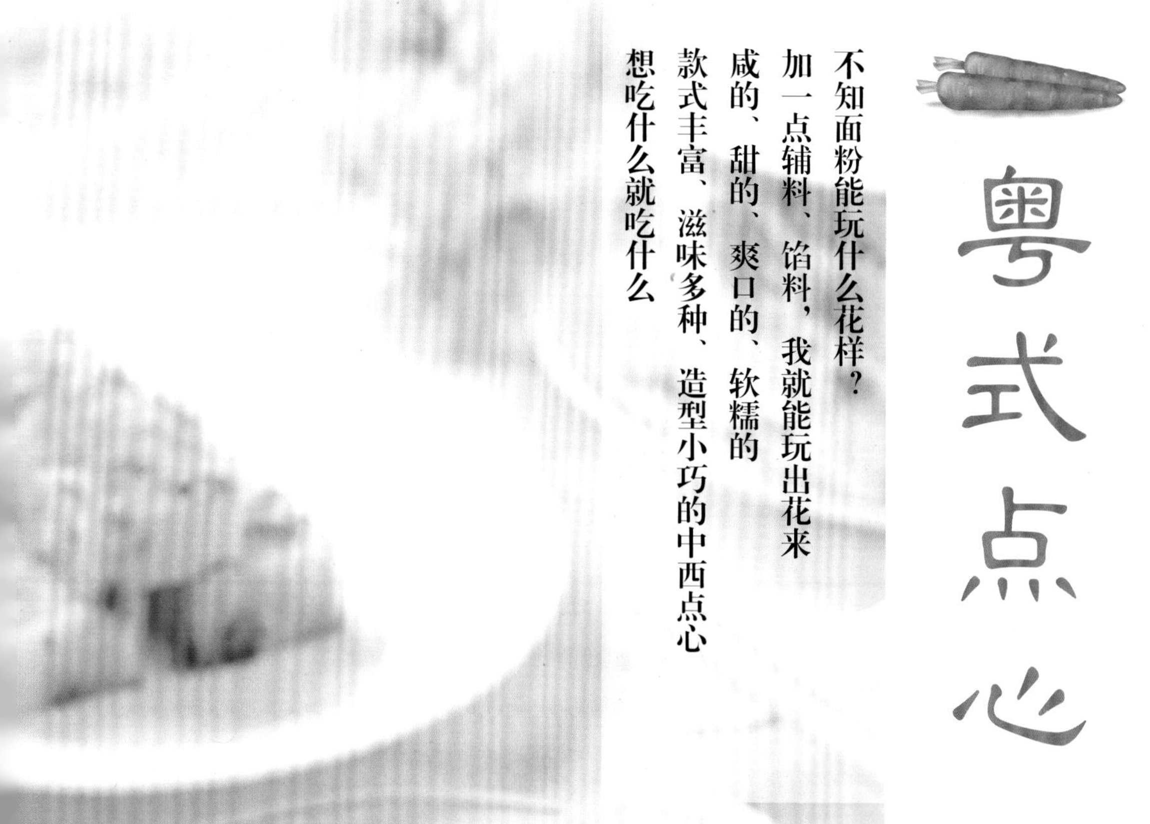

中点制作材料介绍

面粉：面粉是制作点心的主要原料，其种类繁多，在制作点心时要根据需要进行选择。面粉的气味和滋味是鉴定其质量的重要感官指标。好面粉闻起来有新鲜而清淡的香味，嚼起来略具甜味；凡是有酸味、苦味、霉味和腐败臭味的面粉都属变质面粉。

糯米粉：糯米粉用糯米加工而成。经加温后其黏性很强，随着加温的温度升高和时间的增长，糊化程度越大就显得越软，但它的韧度还是很强的。如果用不同的温度和不同的制作方法，又可制作出不同性质的点心，如咸水角、软饼、卷、煎饼等。

粘米粉：粘米粉由大米加工制作而成，粉粒松散，有大米气味，又叫大米粉。通常有水磨、机磨之分，发酵力较强，遇冷水和加温后也没有韧性。适用于制作一般糕点，如松糕、萝卜糕、芋头糕等。在农贸市场、副食品商店、超市均可买到。

油脂：是油和脂的总称，一般把在常温下呈液态的称为油，呈固态或半固态的称为脂。油脂在食品中不仅有调味作用，还能提高食品的营养价值。制作过程中添加油脂，还能大大提高面筋的可塑性，并使成品柔软光亮。

马蹄粉：用马蹄加工而成，经加温显得透明，凝结后会产生爽滑感。适用于制作马蹄糕、九层糕、芝麻糕，也可用来勾芡。

澄面：又称小麦澄面，是没有筋的面粉，其特征是颜色洁白、面质细滑，做出的面点呈半透明，蒸制品入口爽滑，炸制品香脆，适宜制作虾饺皮、晶饼皮、粉等。

生粉：生粉一般用绿豆加工而成，也可用杂豆或薯类制作。适用于制作威化纸、虾片及各种点心的蛋浆，也可用来勾芡。

糖：主要使用的糖类有蔗糖、麦芽糖和葡萄糖。适当的含糖量，可以使成品的发起度增强，质地疏松，但含糖量过高会导致制品组织硬脆。

炼奶、蜜糖：精制的食品浓缩制品，为中点添加上各种各样的风味。

酵母：有新鲜酵母、普通活性酵母和快干性酵母三种，在烘烤过程中产生二氧化碳，具有膨大面团的作用，而且在发酵过程中还可以产生特殊的香味。

中点制作工具介绍

砧板： 对原料进行刀工操作时的垫衬工具。最好的砧板是用橄榄树或银杏树做成的，这些木材质地坚密耐用。

擀面棍： 是制作面类点心时不可缺少的工具，最好选择木质结实、表面光滑者，尺寸依据平时用量选择。

量杯： 杯壁上标示容量，可用来量取材料，如水、油等。通常有大小尺寸可供选择。

筛网： 主要用途是过滤。最好选择不锈钢制品。

蒸笼： 面类点心制作时的重要用具，主要用途为蒸制。购买时注意以竹编或木制者较佳。

纱布： 用来铺盖蒸笼，可防止食品与蒸笼粘连，也可用来过滤渣滓。注意用前需用热水烫过消毒。

手动搅拌器： 在烹调制作过程中，可以使搅拌的动作更加快速、均匀。

刀具： 刀具是制作点心的重要工具，无论是切割原料还是成品，一把锋利的刀会令厨师的工作更加得心应手。

咸水角

主料 澄面150克，糯米粉500克，砂糖150克，猪油150克，清水250毫升

辅料 虾米50克，猪肉400克，香菇50克，盐5克，味精3克，糖9克，食用油适量

做法

1. 将虾米、猪肉、香菇剁碎，加盐调味、炒熟，制成馅料。
2. 将糯米粉、澄面和匀，然后加入猪油、砂糖和匀。
3. 再加热水搓揉成表面光滑的面团。
4. 搓成长条，分切成30克左右的小块，压扁制成皮。
5. 把馅料包入皮中，捏紧收口成半月形。
6. 放入150℃～160℃的油锅中炸至金黄色即成。

注意面皮的干湿要适中。

功效

糯米含有蛋白质、脂肪、糖类、钙、磷、铁、维生素B_1、维生素B_2、烟酸及淀粉等，营养丰富，为温补强壮食品。

咸水角也可以用煎锅小火慢煎，不停地用筷子翻动，力求每个部位都能得到照顾，将熟的时候改大火煎一会儿皮会更脆。

芝麻笑口枣

面团不能加入太多水，油温不能太高，不然炸出的枣不能起发。

功效

鸡蛋中蛋氨酸含量特别丰富，还有其他重要的微营养素，如钾、钠、镁等，在修复人体组织、形成新的组织、消耗能量和参与复杂的新陈代谢过程等皆有重要作用。

小知识

笑口枣是广州小吃中的油炸小吃品种，因其经油炸后上端裂开而得名。笑口枣香甜松酥，十分可口，是广州春节必备的年货之一。

 面粉 500 克，鸡蛋 50 克

 砂糖 300 克，食粉 4 克，泡打粉 6 克，芝麻 50 克，水 130 毫升，食用油适量

做法

1. 面粉、泡打粉和匀，开窝，加入鸡蛋、砂糖、食粉、水和匀。
2. 用重叠式的手法搓揉面团至表面光滑，静置 10 分钟起发。
3. 搓成长条形。
4. 分切成约 35 克的小块。
5. 将小块搓成小圆球形，沾上芝麻。
6. 用 150℃ ~ 160℃的油温炸至表皮开口变金黄色即成。

蛋挞

馅料 鸡蛋 450 克，白砂糖 300 克，清水 500 毫升，吉士粉 50 克，醋精适量

（注：松酥皮的做法参照第 185 页）

做法

1. 松酥皮放入盏里，压紧底部和四边，放入冰箱冷冻待用。
2. 白砂糖、吉士粉和匀，冲入开水溶成糖水。
3. 加入约 2 克醋精。
4. 待糖水凉后，加入蛋搅匀。
5. 用小格筛子过滤。
6. 用茶壶盛载蛋液，加入盏中至八成半满，放入炉以上火 240℃、下火 300℃烘约 10 分钟，至蛋凝结即可。

酥皮捏盏时，手法要轻柔，不要捏穿，否则会漏蛋水。

功效

鸡蛋是人类最好的营养来源之一，其中含有大量的维生素和矿物质及有高生物价值的蛋白质。鸡蛋被美国某一杂志评为“世界上最营养的早餐”。

小知识

“挞”是英文“tart”的音译，蛋挞在台湾称为“蛋塔”，根据挞皮可以分为牛油蛋挞和酥皮蛋挞两种。

技巧

水油酥皮要经过多次松弛。

功效

椰丝含有丰富的维生素、矿物质和微量元素，以及椰子果实里绝大多数的蛋白质，是很好的氨基酸来源。

小知识

老婆饼的始祖据说是朱元璋的妻子马氏。相传朱元璋起义初期，由于粮食紧缺，为了方便军士携带，马氏想出把小麦、冬瓜等能吃的东西和在一起，磨成粉做成饼，分发给军士，在此基础上改良的饼就是现代的老婆饼。

老婆饼

馅料 温水 500 毫升，砂糖 400 克，猪油 75 克，色拉油 100 克，椰丝 50 克，白芝麻 75 克，三洋糕粉 300 克，45 克水油酥皮 10 件

其他 蛋黄适量

（注：水油酥皮的做法参照第 185 页）

做法

1. 把砂糖、猪油、色拉油、椰丝、白芝麻、水混合拌至糖溶化，慢慢加入三洋糕粉，边加边搅拌，至没有粉粒状。
2. 静置 30 分钟。
3. 将静置后的馅料分成小份，每份约 45 克，把水油酥皮擀成圆形皮。
4. 用水油酥皮包起馅料。
5. 松弛后擀成饼形，置于烤盘中再松弛 15 分钟。
6. 在表面刷上蛋黄，撒上白芝麻，用刀开两个小口后，以上火 180℃、下火 160℃烤 25 分钟左右，出炉即可。

绿豆饼

馅料 蒸熟脱皮绿豆 300 克，糖粉 100 克，奶油 100 克，三洋糕粉 100 克

（注：水油酥皮的做法参照第 185 页）

做法

1. 熟绿豆、奶油、糖粉先拌至泥糊状。
2. 加入三洋糕粉，拌透后装起待用。
3. 馅料与酥皮以 1:1 的比例包好。
4. 排入烤盘内压扁松弛 30 分钟，放入烤炉以上火 170℃、下火 160℃烘烤 25 分钟即可。

技巧

扎孔后再放入炉烤熟即可。

功效

绿豆的热量、蛋白质、膳食纤维、钙、铁、碳水化合物、磷、钾、镁、锰、锌、烟酸、铜、维生素 E 与同类食物相比高于平均值。绿豆含丰富胰蛋白酶抑制剂，可以保护肝脏，减少蛋白分解，从而保护肾脏。

小知识

相传施琅收复台湾时，六月暑天坐船的时候煎肉饼太腻吃不下去，不承想绿豆汤倒在了煎饼上面，他立马想到把绿豆做成干粮。后来火头兵苏成顺按他的意思琢磨出了绿豆饼，服完兵役后还开了家卖绿豆饼的店。

月饼的馅不能太稀，否则烤的时候会露馅。

功效

莲蓉的主要原料是莲子。中医认为莲子具有补脾、益肺、养心、益肾和固肠等作用，适用于心悸、失眠、体虚、遗精、白带过多等症。

“广式月饼”起源于1889年，当时有家糕酥馆，用莲子熬成莲蓉作酥饼的馅料，清香可口，大受顾客欢迎。光绪年间，这家糕酥馆改名为“莲香楼”，那种莲蓉馅的饼点已定型为现时的月饼。

广式月饼

主料 糖浆 400 克，碱水 9 克，食用油 140 克，低筋面粉 500 克，高筋面粉 50 克，吉士粉 40 克

馅料 莲蓉适量

其他 蛋液

做法

1. 低筋面粉、高筋面粉、吉士粉过筛开窝，加糖浆、碱水混合搓匀。分次加入食用油搓均匀。
2. 先用 2/3 的面粉拌成面团，松弛约 2 小时后，再加入剩余的面粉调节软硬度。
3. 按 2:8 的比例分切皮馅。
4. 将皮擀薄，包入莲蓉馅。
5. 装入模具压紧、压平，再轻敲脱模，排放在烤盘内，喷上水后放入烤炉。
6. 烤上色后出炉，稍凉后刷上蛋液，再入炉以上火 210℃、下火 150℃的温度烘烤 25 分钟，烤至浅金黄色后出炉。

芋头糕

主料 芋头1000克，水磨粘米粉900克，腊肉粒150克，虾米100克

辅料 盐50克，砂糖50克，味精10克，五香粉10克，清水2500毫升，色拉油150毫升

做法

1. 芋头切小粒，炒香。
2. 爆香虾米和腊肉粒。
3. 粘米粉加水煮成米浆，加入炒好的虾米和腊肉，调入盐、砂糖、味精、五香粉等调料。
4. 加入芋头，搅拌成糊状。
5. 将糊倒入已扫油的方盘内，抹平。
6. 用猛火蒸约50分钟，放凉后切件即成。

米浆要煮熟；芋头糕做好后不能立刻切开，要等凉一会儿再切，不然会粘刀。

功效

芋头中富含蛋白质、钙、磷、铁、钾、镁、钠、胡萝卜素、烟酸、维生素C、B族维生素、皂角甙等多种成分，其丰富的营养价值，能增强人体的免疫功能。

芋头忌与香蕉同食，否则会腹胀。生芋头有小毒，食时必须熟透；生芋头汁易引起局部皮肤过敏，可用姜汁擦拭以解之。

技巧

煎饺时要移动煎锅，使火候均匀。

功效

韭菜含有丰富的膳食纤维，可以促进肠道蠕动、预防大肠癌的发生，同时又能减少对胆固醇的吸收，起到预防和治疗动脉硬化、冠心病等疾病的作用。

小知识

阴虚但内火旺盛、胃肠虚弱但体内有热、溃疡病、眼疾者应慎食韭菜。

韭菜煎饺

主料 面粉 500 克，清水 250 毫升

辅料 韭菜 200 克，胡萝卜 10 克，马蹄 20 克，猪肉 100 克，盐 3 克，味精 2 克，砂糖 9 克，食用油适量

做法

1. 韭菜、胡萝卜、马蹄切粒，猪肉剁碎，混合，加入盐、味精、砂糖拌匀。
2. 取 50 克面粉用沸水烫熟。
3. 把烫熟的面粉混合剩下的面粉，加水和匀，分切成 15 克一个的小面团。
4. 将小面团逐个擀成圆形面皮。
5. 包上馅料，捏好收口。
6. 平底锅加油烧热，把饺子煎至两面金黄色即可。

技巧

水饺不能煮太久。

功效

面粉富含蛋白质、碳水化合物、维生素和钙、铁、磷、钾、镁等矿物质，有养心益肾、健脾厚肠、除热止渴的功效。

小知识

饺子相传是中国东汉南阳"医圣"张仲景首先发明的，是受中国汉族人民喜爱的传统特色食品，是每年春节必吃的年节食品，在中国许多省市也有冬至吃饺子的习惯。

上汤水饺

主料 面粉 500 克，水 250 毫升

辅料 猪肉滑 100 克，韭菜 200 克，盐 2 克，味精 1 克，糖 3 克，上汤 200 毫升

做法

1. 面粉加水和匀成面团，搓成条形，将之分成 20 克一个的等份小面团，擀成圆形面皮。
2. 韭菜切粒，加入肉滑，再加盐、味精、糖，和匀成馅料。
3. 皮包入馅料，对折，双手把边一按，包好饺子。
4. 把上汤煮开，放入水饺煮熟，装碗即可。

香煎马蹄糕

 马蹄粉 300 克，马蹄 100 克

 糖 300 克，水 1500 毫升，食用油适量

做法

1. 马蹄切片；把 150 克马蹄粉、350 毫升水、马蹄片和匀成马蹄粉浆备用；把 150 克马蹄粉和 400 毫升水和匀成生粉浆备用。
2. 把 2/3 的糖放入锅中，用慢火熬至淡黄色；加入 750 毫升水和剩余的糖，和匀煮溶，倒入生粉浆，拌成熟浆。
3. 把熟浆倒入马蹄粉浆中，一边倒一边搅拌，拌成半熟粉浆。
4. 把拌好的半熟粉浆倒入已扫油的盘中，上炉蒸 30 分钟，蒸熟出炉，凉后切件。
5. 放入不粘锅中煎至两面金黄色即成。

把粉浆煮至半熟即可。

马蹄营养丰富，含有蛋白质、脂肪、粗纤维、胡萝卜素、维生素 B、维生素 C、铁、钙、磷和碳水化合物。中医药学认为其有止渴、消食、解热功能。

马蹄皮色紫黑、肉质洁白、味甜多汁、清脆可口，自古有“地下雪梨”的美誉，北方人视之为“江南人参”而在潮汕地区则称为“钱葱”，因为看起来像是古代的钱币，又像是葱头。

技巧

包馅接缝处要包密，以免馅料散出。

功效

南乳以优质大豆为主要原料，用红曲米、绍酒等为辅料，经复合发酵精制而成，富含大量优质蛋白和人体所需的多种氨基酸，香气浓郁，风味醇厚，具有健脾开胃的功效。

小知识

原名为“小凤饼”，是广州西关姓伍的富家里一名叫小凤的女工所创制。后来，广州成珠茶楼制饼师傅为解决中秋月饼滞销的问题，把制月饼的原料按小凤饼的方法制作，大胆创新，制作出甜中带咸、甘香酥脆的新品种“成珠小凤饼”，小凤饼形状像雏鸡，故又称鸡仔饼。

鸡仔饼

主料 白面粉、肥猪肉、榄仁粒、瓜子肉、芝麻、核桃肉粒各适量

辅料 鸡蛋液、盐、糖、麦芽糖、绿豆粉、食用油、南乳、盐、料酒各适量

做法

1. 将肥猪肉、榄仁粒、核桃肉粒分别切成红豆大小，加白面粉、糖、绿豆粉、瓜子肉、芝麻、南乳、盐、食用油、料酒拌匀，揉成馅料。
2. 另取适量白面粉，加清水、麦芽糖揉成粉团，分为若干剂子，擀为原面皮，分别包入适量馅料，入模具压制成型，表面涂上鸡蛋液，制成饼坯。
3. 烤箱预热 250℃，放入饼坯烤 15 分钟，烤至表面金黄即可。

压模必须够结实。

功效

杏仁饼的主要营养成分有碳水化合物、蛋白质、脂肪和维生素等。

小知识

冰肉实际上是指用烧酒和白糖精制过的肥猪肉：将肥肉用大量的白糖与适量的烧酒拌匀，腌约数天即成冰肉。腌成之后的肥肉雪白如冰，莹润透明，故称“冰肉”。

杏仁饼

皮 糖粉 220 克，色拉油 65 毫升，杏仁粉 20 克，榄仁粉 15 克，花生粉 40 克，凉开水 20 毫升，绿豆粉 170 克

馅 冰肉适量

做法

1. 将糖粉、色拉油、杏仁粉、榄仁粉、花生粉用凉开水混合拌至均匀，放入绿豆粉拌透成饼面。
2. 将饼面放进模具内约一半深，加入适量冰肉作馅，再将饼面填满压实。
3. 表面用铲刀刮平。
4. 扣出模后，排于耐高温布上，放入炉用上火 170℃、下火 150℃烘烤 25 分钟左右即可。

客家番薯饼

主料 番薯 500 克，糯米粉 200 克，糖 50 克，粟粉 100 克

辅料 莲蓉 100 克，食用油适量

做法

1. 把番薯蒸熟，捣烂，加入糯米粉、糖、粟粉拌匀成番薯粉团。
2. 入笼蒸 10 分钟，取出。
3. 把蒸熟的番薯粉团搓匀，分成约 30 克一份，包入莲蓉。
4. 捏好收口，放入饼模中印出花纹，入笼蒸 5 分钟。
5. 放入不粘锅中煎至金黄色即成。

煎时要注意火候，不能用大火。

番薯含糖类、维生素 C、胡萝卜素（红皮黄心薯所含较多）等成分。中医认为番薯味甘，性平，能补脾益气，宽肠通便，生津止渴（生用）。

番薯和柿子不宜在短时间内同时食用，如果食量多的情况下，应该至少相隔五个小时以上。

加入白萝卜或面筋一起炖煮，滋味更佳。

功效

牛腩提供高质量的蛋白质，含有全部种类的氨基酸，各种氨基酸的比例与人体蛋白质中各种氨基酸的比例基本一致，其中所含的肌氨酸比任何食物都高。

小知识

高胆固醇、高脂肪、老年人、儿童、消化力弱的人不宜多吃牛腩。

和味牛腩

 牛腩肉 600 克

 豆瓣酱、姜片、大料、桂皮、花椒、草果、冰糖、料酒、生抽、食用油各适量

做法

1. 牛腩切块，汆水，洗净。
2. 锅中倒油烧热，放入姜片、豆瓣酱炒香。
3. 放入牛腩同炒，再加入料酒、生抽、冰糖、大料、桂皮、花椒、草果、适量清水（没过牛腩即可）烧开。
4. 改小火炖至牛腩酥软即可。

蒸时要注意火候，不能用大火。

功效

牛肉含有丰富的营养成分，能增长气力，培补中气。

小知识

选购牛仔骨时应“三看”：一要看油花，牛仔骨的油花多而雪白，均匀细碎，这样蒸出来的肉质才会肥美细嫩。二要看肉色，牛仔骨多为冷冻保存，如果解冻后肉色恢复鲜嫩浅红，则表明肉质较佳。三要看骨肉相连处软筋膜和肥肉的分量。如果分量过多会造成排骨蒸好后骨肉分离，有损卖相。

蒸牛仔骨

 牛仔骨450克

 辣椒圈、料酒、盐、胡椒各适量

做法

1. 洗净牛仔骨，用料酒、盐、胡椒腌渍20分钟，装盘待蒸。
2. 锅中注入适量清水，架上蒸笼，放入牛仔骨蒸20～30分钟，撒上辣椒圈，熄火焖10分钟即可。

技巧

调面时不能中途加水或加粉，否则面团容易起筋，令饼体硬结起泡。

功效

面粉中所含营养物质主要是淀粉，其次还有蛋白质、脂肪、维生素、矿物质等，有养心、益肾、除热、止渴的作用。

小知识

光酥饼是广州的地道小吃，是广东西樵大饼的变种，风味独特，口感颇佳，含少量脂肪，营养健康。

光酥饼

主料 精面粉 500 克，糖 250 克

辅料 臭粉 20 克，泡打粉 15 克，小苏打 5 克

做法

1. 将精面粉、泡打粉拌匀过筛，另外将适量清水加糖煮开，倒入面粉、泡打粉搅成糊状，倒入小苏打、臭粉拌至起泡，调成面团。
2. 将面团擀平，用圆筒盖出饼坯，表面撒上糖。
3. 烤箱预热 150℃ ~ 160℃，放入面饼烤熟即可。

技巧

做糯米鸡的糯米要先浸泡，浸泡 2 小时以上，让糯米吸收充足的水分。

功效

鸡蛋中主要的矿物质、维生素、磷脂等在蛋黄中。蛋黄的主要成分是 17.5% 的蛋白质，32.5% 的脂肪，还有大约 48% 的水和 2% 的矿物质，以及多种维生素等。

小知识

相传糯米鸡起源于解放前广州的夜市，最初是以碗盖着蒸熟而成，后来因为小贩为方便肩挑出售，改为以荷叶包裹。传统的糯米鸡分量较大，吃一个糯米鸡已差不多是半顿饭量。从 20 世纪 80 年代起广东酒楼推出材料相同，而体积小一半的“珍珠鸡”，深受顾客欢迎。

荷叶糯米鸡

主料 干燥荷叶 1 张，熟咸蛋黄 1 颗，长糯米 150 克，鸡腿肉、虾仁各 20 克，香菇丁 10 克，蘑菇丁 20 克

辅料 辣椒块、大蒜片、香葱末、胡椒粉、味精、盐、食用油各适量

做法

1. 糯米洗净，浸泡 2 小时，沥干蒸熟；鸡腿肉洗净切丁；虾仁洗净待用。
2. 锅中倒食用油烧热，加入鸡丁炒至 5 成熟，暂时起锅，原锅加入辣椒块、大蒜片炒熟，再倒鸡丁、虾仁、香菇丁、蘑菇丁炒至全熟，下味精、盐、香葱末调味。
3. 取出适量熟糯米，摊平压实，填入鸡丁、虾仁、香菇丁、蘑菇丁、熟咸蛋黄，撒入少许胡椒粉、味精和盐，再将糯米团稍微捏好，用荷叶裹上，外部用棉线扎实。
4. 锅中注入适量清水，架上蒸笼，放入糯米鸡以小火蒸熟即可。

腌制肥肉时若发现湿糖，必须及时换糖。

功效

花生含有维生素 E 和一定量的锌，能增强记忆，抗老化，延缓脑功能衰退，滋润皮肤；花生中的维生素 K 有止血作用。

小知识

盲公饼是广东省佛山市传统名点之一，由于它是由一盲人创制于清嘉庆年代后期，因而得名盲公饼。

佛山盲公饼

主料 生糯米粉 300 克，熟糯米粉 200 克，绿豆粉 500 克，花生仁 100 克，肥猪肉 90 克

辅料 白芝麻 100 克，熟猪油 300 克，糖粉、糖各适量

做法

1. 肥肉切条煮熟，放入冷水浸泡 5 分钟，捞出晾凉，再用糖腌渍 1 周，用时切为小薄片。
2. 将花生仁、芝麻入锅炒熟，起锅后磨成粉末。
3. 在案板上拌匀绿豆粉、生糯米粉和熟糯米粉，中央开窝，倒入清水、熟猪油、糖粉搅拌溶化，再加入花生仁和芝麻一起揉成粉团。
4. 将粉团分为若干剂子，分别搓圆压扁，放入糖肥肉，包好后填入饼模制形，入炉以 50℃烘 40 分钟，再调至 120℃后烘至饼色变黄、芬香四溢即可。

虎皮凤爪

主料　鸡爪500克

辅料　花椒、桂皮、大料、玉米粉、淀粉、面粉、盐、胡椒粉、糖、生抽、老抽、蚝油、豆豉、蒜蓉、红椒圈、葱油、香油、食用油各适量

做法

1. 鸡爪剪爪，切好洗净，入锅加水煮熟。
2. 锅中倒油烧热，放入鸡爪炸至焦黄，捞出沥油，再放入冷水中浸泡1小时，拌入花椒、桂皮、大料、少许盐、胡椒粉、糖，再上笼蒸熟。
3. 用冷水将玉米粉、淀粉、面粉搅拌成浆，倒入锅中，再加入半碗清水、生抽、老抽、糖、蚝油煮沸，放进豆豉、蒜蓉、红椒圈、葱油、香油制成酱汁。
4. 将鸡爪放入酱汁拌匀，再入蒸笼蒸6分钟即可。

汆鸡爪时放入白醋和麦芽糖各1勺，可防止鸡爪烂皮。

鸡脚含有丰富的胶原蛋白，胶原蛋白在酶的作用下，能提供皮肤细胞所需要的透明质酸，使皮肤水分充足，保持弹性，从而防止皮肤松弛起皱纹。

虎皮凤爪是广东早茶点心中不可缺少的。

顺德龙耳

主料 面粉、蜂蜜、鸡蛋各适量

辅料 盐、食用油各适量

做法

1. 取一半面粉，调入蜂蜜、清水揉成蜂蜜面团，盖湿布醒 15 分钟。
2. 另取一半面粉，加入蛋液、清水揉成鸡蛋面团，盖湿布醒 15 分钟。
3. 将蜂蜜面团和鸡蛋面团分别擀成大小相当的面片，互相重叠、压实，卷成筒状，再切为薄片。
4. 锅中倒入足量食用油，烧至 6 成热，下龙耳片炸酥，捞出沥干即可。

技巧

炸龙耳时应用小火慢炸。

功效

蜂蜜含葡萄糖和果糖、少量蔗糖、水分、糊精和非糖物质、矿物质、有机酸等。此外，还含有少量的酵素、芳香物质和维生素等。蜂蜜中的果糖和葡萄糖容易被人体吸收。

小知识

龙耳又叫猫耳酥，可作下酒小菜。

技巧

馅料用食用油或猪油炒至半生半熟（一般是五六成熟为好）即可。

功效

虾皮有镇静作用，常用来治疗神经衰弱、植物神经功能紊乱诸症。韭菜活血散瘀，理气降逆，温肾壮阳。

小知识

支气管炎、反复发作性过敏性皮炎的老年人忌食虾皮，另外虾皮不能与黄豆一起食用，否则会造成消化不良。

潮州韭菜饼

主料 猪肉100克，虾米25克，菜脯50克，韭菜50克，糯米皮适量

辅料 食用油、盐、水淀粉各适量

做法

1. 将猪肉、菜脯、韭菜洗净切粒；虾米泡发，洗净，切粒。
2. 将猪肉、菜脯、韭菜、虾米入锅爆炒，调味，打芡，晾凉作馅。
3. 用糯米皮包馅；搓圆，压扁；用不粘锅中火煎至两面金黄色，熟透即可。

附录

松酥皮做法：

油心 低筋面粉 1250 克，牛油 750 克，猪板油 1250 克

水皮 低筋面粉 1000 克，高筋面粉 200 克，吉士粉 150 克，全蛋 90 克，黄牛油 150 克，清水 1150 毫升，白砂糖 150 克

做法

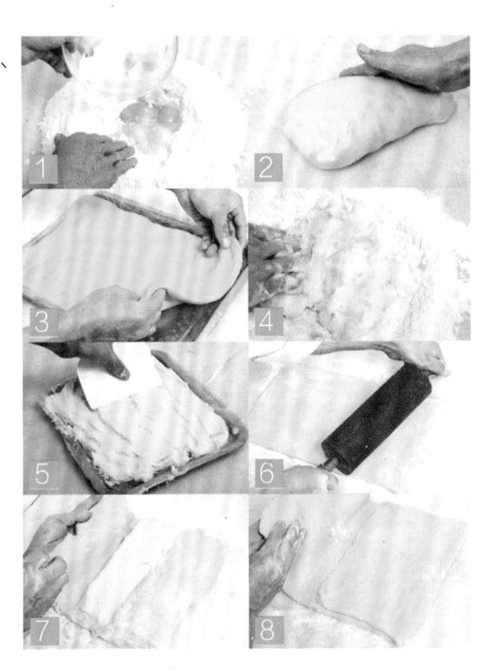

1. 用低筋面粉、高筋面粉、吉士粉开窝，加入白砂糖、黄牛油、鸡蛋、清水搓匀。
2. 搓至纯滑。
3. 压薄成长方形，铺在托盘中，用保鲜纸包好，静置松弛约 1 小时，入冰箱冷藏，成为水皮。
4. 低筋面粉加入牛油、猪板油搓匀，至没有粉粒状。
5. 放在已包保鲜纸的方盘里抹平，冷藏待用，成为油心。
6. 水皮擀薄至油心的两倍宽度。
7. 油心放中间，两边包起捏紧。
8. 擀薄至原来长度的三倍，然后对折三层。再擀至原来长度的三倍，对折四层即可。最后用保鲜纸包好，冷藏待用。

水油酥皮做法：

水皮 中筋面粉 400 克，细白糖 40 克，猪油 100 克，清水 180 毫升

油酥 低筋面粉 200 克，牛油 750 克，猪油 100 克

做法

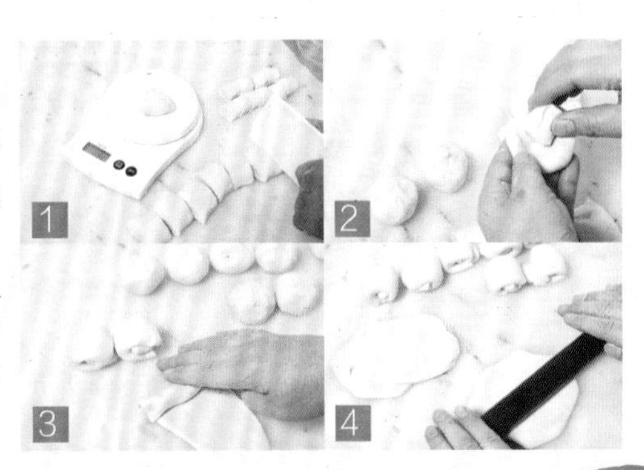

1. 分别将水皮材料和油酥材料拌匀，搓成面团（水皮面团需松弛 30 分钟），将水皮和油酥按 7:3 的比例分成等份。
2. 用水皮将油酥包起。
3. 用擀面棍擀薄，卷成条状，再折 3 折，将折好的水油皮擀成圆形备用。

图书在版编目(CIP)数据

经典粤味家常菜 / 犀文图书编著. -- 重庆：重庆出版社，2014.9

ISBN 978-7-229-08253-6

Ⅰ. ①经… Ⅱ. ①犀… Ⅲ. ①粤菜—菜谱 Ⅳ. ①TS972.182.65

中国版本图书馆CIP数据核字(2014)第128642号

经典粤味家常菜

JINGDIAN YUEWEI JIACHANGCAI

犀文图书 编著

出 版 人：罗小卫
责任编辑：钟丽娟
责任校对：刘 艳

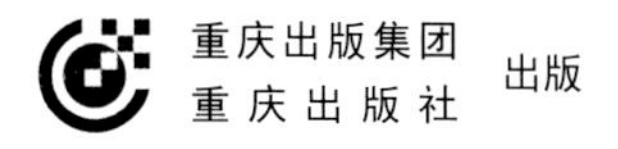
重庆出版集团
重 庆 出 版 社 出版

重庆长江二路205号 邮政编码：400016 http://www.cqph.com

广州汉鼎印务有限公司印刷

重庆出版集团图书发行有限公司发行

E-MAIL:fxchu@cqph.com 邮购电话：023-68809452

全国新华书店经销

开本：710mm×1 000mm 1/16 印张：12 字数：120千

2014年9月第1版 2014年9月第1次印刷

ISBN 978-7-229-08253-6

定价：29.80元

如有印装质量问题，请向本集团图书发行有限公司调换：023-68706683